高职高专土建类"十三五"规划"**互联网+**"创新系列教材

U0185409

工程测量基础

GONGCHENG CELIANG
JICHU

主　编　黄小兵　张进锋
副主编　谭向荣　雷　伟　陈　鼎　张同文　秦立朝

中南大学出版社
www.csupress.com.cn

前言

PREFACE

　　本书是一本理实一体化活页式教材，教材突破了传统的体系模式，根据职业岗位需求，强化技能训练，贯入新技术、新设备、新规范，使学生掌握工程测量必备的基本知识。本书由测量基本知识、高程测量、角度测量、距离测量、平面控制测量、地形测量基本知识、大比例尺地形图测绘等16个学习单元和7个实训组成。全书结合工程测量实际，剔除了部分理论性强、公式推导等内容，结合《工程测量规范》（GB50026—2007），以突出学生的实践操作和综合应用能力为宗旨，强调学生操作技能的培养，能满足高等职业院校建筑工程技术、铁道工程技术、高速铁道工程技术、道路桥梁工程技术等专业教学使用，同时也能满足企业技术人员培训使用，为了方便读者自学，特别在每个单元前加入二维码，读者可以通过手机扫描二维码进行相关内容的学习。

　　本书由湖南高速铁路职业技术学院黄小兵、张进锋主编，其中单元1、单元8、单元13主要由黄小兵编写，单元2、单元3、单元4、实训1和实训2主要由张进锋编写，单元6、单元7、单元14、实训6主要由陈鼎编写，单元9至11，实训3、实训4主要由雷伟编写，单元15、单元16、实训7主要由谭向荣编写，单元5、单元12、实训5主要由匡华云、邓明明编写。湖南高速铁路职业技术学院张同文、王桔林、马长青、郑智华、付彬及雷君参与部分内容的编写和讨论工作，湖南高速铁路职业技术学院曹毅在教材编写时提供了指导性意见，在此一并表示感谢。

　　由于编者水平有限，加之时间仓促，书中难免有缺点和错误，恳请读者批评指正。

编者

2020 年 9 月

目 录

CONTENTS

测量基本知识

工程测量的基本知识

工程测量学是研究工程建设和自然资源开发中，在规划、勘探设计、施工和运营管理各个阶段进行的控制测量、大比例尺地形图测绘、地籍测绘、施工放样、设备安装、变形监测及分析与预报等的理论和技术的学科。工程测量是土木工程技术人员必备的专业基础知识，其应用领域非常广泛。

一、测量学的发展与任务

（一）测量学的概念与任务

1. 测量学的概念

测量学是研究地球的形状和大小，确定地球表面各种物体的形状、大小和空间位置的科学。

2. 工程测量的主要任务

工程测量的主要任务：测绘、测设、监测，如图 1-1 所示。

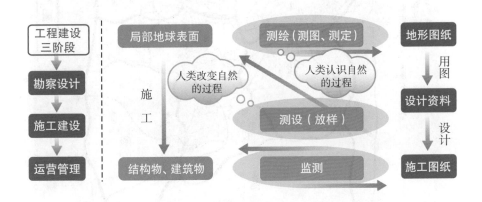

图 1-1 工程测量的主要任务

▶ 设计阶段——建立测量控制网

主要是提供各种比例尺的地形图与地形数字资料，另外还要为工程地质勘探、水文地质勘探及水文测验进行测量。对于重要的工程或地质条件不良的地区进行建设则还要对地层的稳定性进行观测。

▶ 施工准备阶段——建立施工控制网

在施工场地建立平面控制网和高程控制网，作为建（构）筑物定位及细部测设的依据。

▶ 施工阶段——建（构）筑物定位和细部放样测量

把建（构）筑物外轮廓各轴线交点的平面位置和高程在实地标定出来，然后根据这些点进行细部放样。

▶ 工程竣工阶段——竣工测量

通过实地测量检查施工质量并进行验收，同时根据检测验收的记录整理竣工资料和编绘竣工图。

▶ 变形观测

对设计与施工指定的工程部位，按拟定的周期进行沉降、位移与倾斜等变形观测，作为验证工程设计与施工质量的依据。

（二）测量学的历史发展与现状

约在晋·泰始四年至七年（268—271），裴秀主编完成《禹贡地域图》18 篇，它是中国有文献可考的最早的历史地图集，并在序言中提出了绘制地图的 6 项原则，即著名的"制图六体"，为中国传统地图（平面测量绘制的地图）奠定了理论基础，裴秀因此被称为中国传统地图学的奠基人。

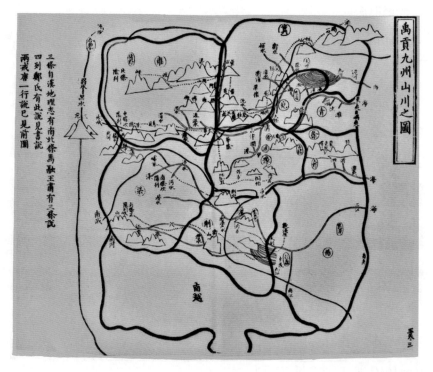

图 1-2 禹贡地域图之一

高斯（C.F.Gauss, 1777—1855）世界近代测量史的杰出代表，现代测量科学的奠基人，德国著名的数学家、物理学家、天文学家。

● 1794 年，最早提出最小二乘法，奠定了近代测量平差理论的基础，1809 年正式发表（概率论创始人法国拉格朗日 1806 年发表最小二乘原理）。

图 1-3 高斯（1777—1855）

● 1822 年，创立高斯投影理论，1912 年由德国大地测量学家克吕格补充完善，正式建立高斯克吕格投影和高斯 - 克吕格平面直角坐标系，简称高斯平面直角坐标系。

● 1826 年，创立三角测量控制网整体条件平差理论。

● 1828 年，提出平均海水面概念，为全球建立大地水准面作为高程基准面打下基础。

1. 测量仪器的发展

（1）望远镜的发明，推动了测量仪器（如水准仪、经纬仪、全站仪）的发展和广泛使用；

（2）1859 年第一台地形摄影机在法国制造，洛斯达开创地面摄影测量方法；

（3）1903 年飞机被发明问世，1915 年第一台自动连续航空摄影机在德国蔡司测绘仪器厂研制成功，使航空摄影测量成为现实；

（4）1947 年瑞典生产第一台光电测距仪。世界从此进入电子测量时代，随后相继出现了微波测距仪、激光测距仪、红外线测距仪等。

2. 现代测绘技术

现代测绘技术主要有全球卫星导航系统（GNSS）、地理信息系统（GIS）以及遥感技术（RS），简称"3S 技术"

（1）全球卫星导航系统 GNSS（Globla Navigation Satellite System）

全球四大卫星导航系统：

● 中国的北斗卫星导航系统（BDS）

● 美国的全球定位系统（GPS）

● 俄罗斯的格洛纳斯卫星导航系统（GLONASS）

● 欧盟的伽利略卫星导航系统（Galileo）

（2）地理信息系统 GIS（Geographic Information System）

地理信息系统（GIS）

地理信息系统（GIS）是以实体的空间位置信息为主线，集成经济、社会、环境、科技、

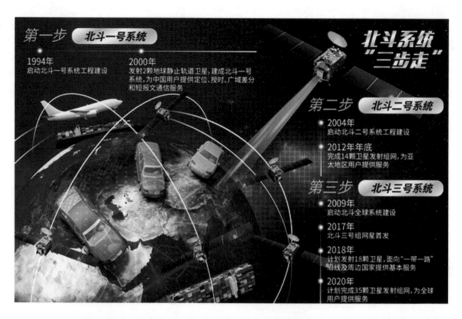

图 1-4 北斗卫星定位导航系统

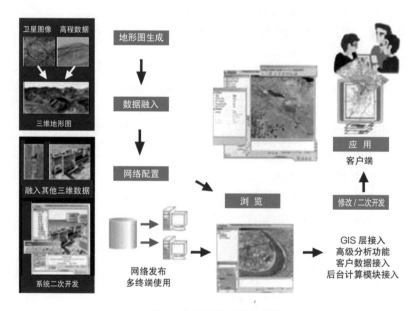

图 1-5 GIS 地理信息系统

文化等各类信息，在计算机软硬件支持下，对空间相关数据进行采集、存储、管理、操作、分析、模拟和显示，适时提供多种空间和动态的地理信息，服务于地理研究和地理决策。

（3）遥感技术 RS（Remote Sensing）

遥感技术（RS）

遥感技术（RS）是远距离不接触物体而取得信息的探测技术，是利用遥感平台（卫星、飞船、飞机、飞行器、雷达等）的遥感器（照相机、扫描仪）接收地面物体反射或发射的电磁波，并以图像胶片或数据磁带、磁盘记录下来，传送到地面接收站，经过分析、处理后来识别的过程。

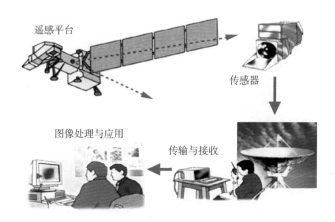

图1-6 RS遥感技术

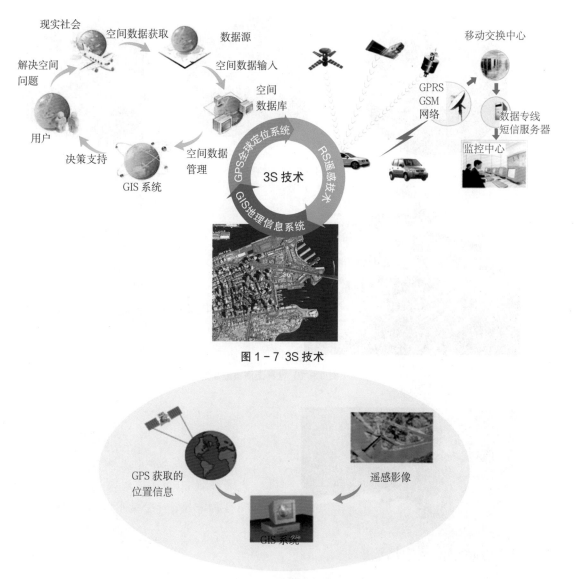

图1-7 3S技术

图1-8 3S技术的集成

二、地面点位的确定

（一）测量的基准面和基准线

1. 地球的形状与大小

从空中看地球……
像一个圆球……
但……真是这样的吗？

地球两极略偏平，赤道略鼓而且很不规则
北极略长，南极略短，像个"梨状体"。

图 1-9 地球的形状

珠穆朗玛峰高程（海拔）8844.43m

测量工作是在地球表面进行的，地球表面是测量学的研究对象，地球近似于被海水包围（海洋面积占 71%）的椭球体。

图 1-10 世界上海拔最高的山峰

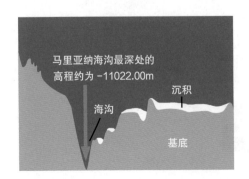

马里亚纳海沟最深处的
高程约为 -11022.00m

沉积

海沟

基底

地表起伏较大，但地球表面最大高差近 20km，与地球平均半径 6371km 相比，十分微小

图 1-11 世界上海拔最深的海沟

2. 水准面与铅垂线

水准面：设想有一个自由平静的海水面，向陆地延伸而形成一个封闭的曲面，我们把自由平静的海水面称为水准面。

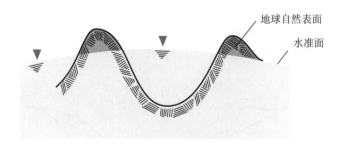

图 1 - 12 大地表面与水准面示意图

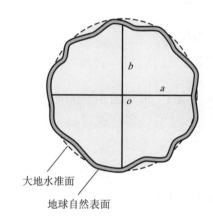

图 1 - 13 大地水准面

大地水准面：水准面有无数个，其中通过平均海水面的一个水准面称为大地水准面。它作为统一高程的起算面。

水准面上任意一点的铅垂线都垂直于该点的曲面。

铅垂线：重力的方向线。

➤ 大地水准面和铅垂线是测量工作的基准面和基准线。

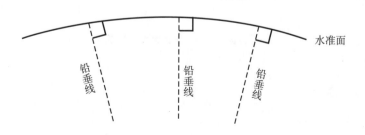

图 1 - 14 铅垂面与水准面的关系

（二）确定地面点的方法

1. 测量工作的实质

测量工作的实质是确定地面点的空间位置,确定任一空间点位需要三个相互独立的坐标,可以用两种方法表示:

1) 该点在基准面的投影位置(二维)和该点沿投影方向到基准面的距离 H(一维);

2) 该点在以地球质心为原点的空间直角坐标系中的三维坐标 x,y,z。

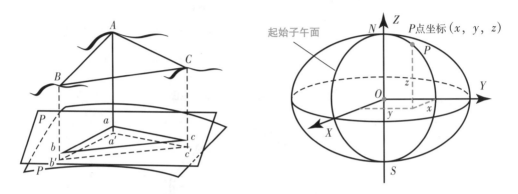

图 1 - 15　地面点的空间位置

2. 2000 国家大地坐标系

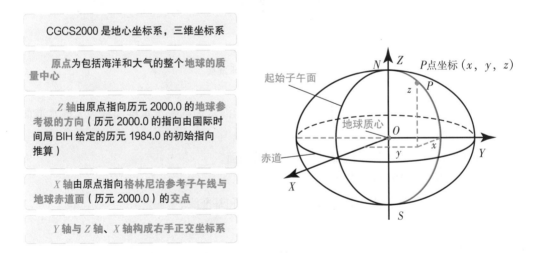

CGCS2000 是地心坐标系,三维坐标系

原点为包括海洋和大气的整个地球的质量中心

Z 轴由原点指向历元 2000.0 的地球参考极的方向(历元 2000.0 的指向由国际时间局 BIH 给定的历元 1984.0 的初始指向推算)

X 轴由原点指向格林尼治参考子午线与地球赤道面(历元 2000.0)的交点

Y 轴与 Z 轴、X 轴构成右手正交坐标系

图 1 - 16　国家大地坐标系

3. 地面点的高程

（1）高程的相关概念

▶　绝对高程（H）

绝对高程为地面点到大地水准面的铅垂距离。

▶ 相对高程（H'）

相对高程为地面点到假定水准面的铅垂距离。

▶ 高差（h）

高差为地面两点的高程之差。

$$h_{AB} = H_B - H_A = H_B' - H_A'$$

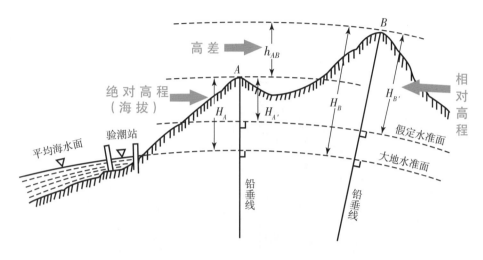

图 1-17 绝对高程、相对高程及高差

（2）我国的高程系统

我国的高程系统：以黄海平均海水面作为我国的大地水准面（高程基准）。

我国的"1985 国家高程基准"：我国新的国家高程基准面是以青岛验潮站 1952—1979 年以 19 年为一个周期的验潮资料，计算确定的黄海平均海水面作为全国高程的统一起算面。

在"1985 国家高程基准"的系统中，我国水准原点（青岛观象山）的高程为 72.260m。（1956 黄海高程系统水准原点的高程为 72.289m）

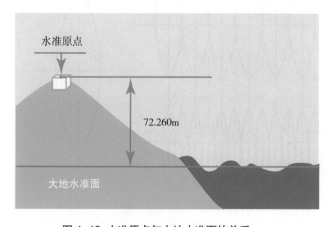

图 1-18 水准原点与大地水准面的关系

（3）高斯平面直角坐标系

1）高斯投影

高斯投影采用分带投影。将椭球面按一定经差分带，然后用中心投影的方法将每个带投影到平面上。

● 设想用一个平面卷成一个空心椭圆柱；

● 使它横套在旋转椭球的外面，并于某一带的中央子午线相切；

● 将这一带地形采用中心投影方法投影到空心椭圆柱面上；

● 将柱面沿通过南北两极的母线切开, 便得到该带在平面上的现状, 此平面便是高斯平面。

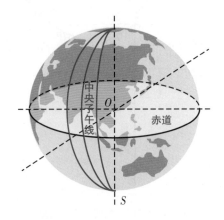

图 1 - 19 高斯投影

2）高斯平面直角坐标系

高斯平面直角坐标系是以每一带的中央子午线的投影为 X 轴，赤道的投影为 Y 轴，X 轴向北为正，向南为负，Y 轴向东为正，向西为负。我国位于北半球，X 的自然坐标均为正，而 Y 轴的自然坐标则有正有负，为了避免 Y 坐标出现负值，规定在自然坐标 Y 上加上 500km。

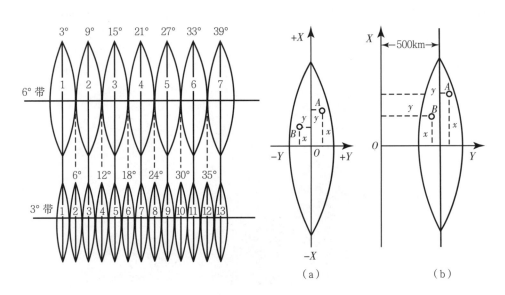

图 1 - 20 高斯平面直角坐标系

3）高斯平面直角坐标系与数学平面直角坐标系的对比

不同点
- 坐标轴和数学上规定的相反：纵轴 X，横轴 Y；
- 坐标象限的转向和数学上规定的相反：顺时针编号；
- 角度方向和数学上规定的相反：顺时针。

相同点
- 数学中的三角公式在测量中可直接应用。

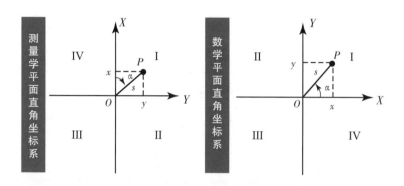

图 1-21 测量学平面直角坐标系与数学平面直角坐标系

4. 用水平面代替水准面的限度

（1）对距离的影响

表 1-1　用水平面代替水准面对距离的影响

距离 D/km	距离的误差 $\triangle D$/mm	$\triangle D/D$
5	1.0	1/4870000
10	8.2	1/1220000
25	128.3	1/200000
50	1026.5	1/49000

结论：在半径为 10km 的范围内进行距离测量，不考虑地球曲率影响，可用水平面代替水准面。

（2）对高程的影响

表 1-2　用水平面代替水准面对高程的影响

D/km	0.05	0.10	0.20	0.50	1	10
$\triangle h$/mm	0.20	0.78	3.1	19.6	78.5	7850

结论：地球曲率的影响对高差的影响很明显，高差测量中即使在很短的距离也必须加以考虑地球曲率的影响。

（3）对角度的影响

表1-3　用水平面代替水准面对角度的影响

球面面积 / km²	ε / (″)
10	0.05
50	0.25
100	0.51
300	1.5

结论：当测区面积小于100km²（半径10km）时，用水平面代替水准面，其产生的角度投影误差可忽略不计。

三、测量工作概述

（一）工程测量的基本工作

1. 测量的外业和内业

（1）测量外业

● 利用测量仪器和工具在现场进行测量工作，称为测量外业；

● 测量成果的质量取决于外业。

（2）测量内业

● 将外业观测数据、资料在室内进行整理、计算和绘图的工作，称为测量内业；

● 外业通过内业才能体现出作用和价值。

2. 常规测量的基本工作

测量工作的实质是确定点的空间位置，也就是确定点的坐标和高程。在常规测量中，待定点的坐标和高程一般不是直接测定的。

（1）平面位置测量

如图1-22所示，A、B 为已知点，C 为待测点，投影点 a、b 的坐标已知，直接测量未知投影点 c 的坐标有一定困难，可以测量 AC、BC 的水平距离 D_1、D_2 和其与 AB 间的水平夹角 α、β，从而确定未知点的投影 c 的平面位置。

（2）高程测量

如图1-23所示，A 为已知高程点，P 为待定高程点，直接测量 P 点的高程有困难，可以测量 P、A 点的

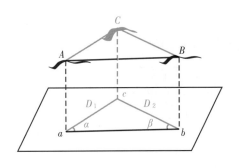

图 1-22 平面位置示意图

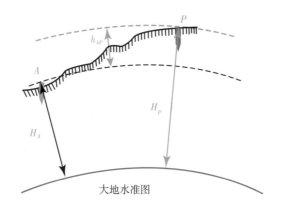

大地水准图

图 1 – 23 高程示意图

高差 h_{AP}，从而计算出 P 点的高程。

确定地面点位的三要素为：水平距离、水平角、高差。

工程测量的基本工作：距离测量（量距）、角度测量（测角）、高程测量（测高差）。

整体性原则	控制性原则	等级性原则	检核性原则
从整体到局部 （布局上）	先控制后碎部 （程序上）	由高级到低级 （精度上）	步步有检核 （过程中）

从整体布局上考虑，选取 A、B、C、D、E、F 点做为控制点，进行高精度测量

然后从每个控制点局部考虑，选取各地形特征点做为碎部点，进行较低精度测量

图 1 – 24 测量工作的基本原则

3. 测量工作的基本原则

测量过程中，前一步工作未作检核，不进行下一步工作，遵循基本原则的优点，如图 1-25 所示。

4. 测量工作的基本要求

（1）测量人员应具备以下六项技能，如图 1-26 所示。

03 提高工作效率
02 避免错误发生
01 减少误差积累

图 1 – 25 遵循基本原则的优点

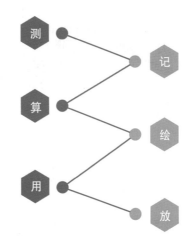

仪器使用和观测的正规操作
- ◆ 按规则规范操作
- ◆ 爱护仪器
- ◆ 精确、正规

准确进行内业计算
- ◆ 按正规格式进行
- ◆ 反复校核
- ◆ 不得更改外业数据

使用地形图开展设计计算工作
- ◆ 掌握地形图应用的正确方法和步骤
- ◆ 必要时现场核查

正规的记录方法
- ◆ 使用规范的记录表格
- ◆ 数据不涂改
- ◆ 记录者复述的习惯

精确绘制地形图
- ◆ 掌握正确的绘制方法
- ◆ 使用现代化的绘制手段
- ◆ 反复核对

正确的施工放样及质量检测
- ◆ 保持测量精度
- ◆ 保护测量标志
- ◆ 避免施工过程的相互干扰

测　记　算　绘　用　放

图 1-26 测量工作的六项基本技能

（2）测量中常用的计量单位

长度单位

国际通用长度单位为 m（米），
我国法定长度计量单位采用米（m）制单位
1m（米）=100cm（厘米）=1000mm（毫米）
1km（千米或公里）=1000m（公里为千米的俗称）

面积和体积单位

我国法定面积计量单位为平方米（m^2）、平方厘米（cm^2）、平方公里（km^2）。
　　$1m^2=10000cm^2$
　　$1km^2=1000000m^2$
　　1 公顷 =15 亩 =10000 平方米（m^2）
我国法定体积计量单位为立方米（m^3）。

角度单位

我国法定平面角计量单位弧度和 60 进制的度、分、秒
1 圆周 =360°（度），1° =60'（分），1' =60"（秒）
1 圆周 =360° =2π rad，1° =（$\pi/180$）rad
1' =（$\pi/10800$）rad，1" =（$\pi/648000$）rad
$\rho° =180° /\pi \approx 57.3°$
$\rho' =180×60' /\pi \approx 3438'$
$\rho" =180×60×60" /\pi \approx 206265"$

5. 测量有效数字的凑整原则

四舍六入、奇进偶不进原则，具体体现为：大于 5 者进，小于 5 者舍，正好是 5 者，则看前面为奇数或偶数而定，为奇数时进，为偶数时舍。例如：将下表数字凑整成小数后三位。

表 1-4　测量有效数字的凑整对照表

原有数字	3.14159	2.71729	4.51750	3.21650	5.6235
凑整后数字	3.142	2.717	4.518	3.216	5.624

四、测绘仪器的使用保养守则、记录规则

（一）测绘仪器的使用和保养

爱护公共财物是每个公民的神圣职责。测绘仪器属于精密贵重仪器，是完成测绘任务必不可少的工具。正确使用和维护测绘仪器，对保证测量精度、提高工作效率、防止仪器损坏、延长仪器使用年限都有着重要的作用。损坏或丢失仪器器材，不仅造成集体财产和个人经济上的损失，而且影响测量工作的正常进行。因此，注意正确的使用和爱护仪器，是我们每个测绘工作者的美德。

1. 普通光学仪器的使用和保养常识

（1）仪器在不使用时是处于静止状态的，应将其放在清洁、干燥、通风的环境下，室温最好保持在 12~16℃，并应用防潮防火设备。若存放期较长，则应定期进行检查和擦拭等一般养护。仪器出入库房应有严格的收发制度，每台仪器应有使用和维护情况的卡片。

（2）仪器在长途搬运过程中，应装入专门的运输箱内，并有防潮、防震的措施和标识。在短途搬运或作业的迁站过程中，虽不必装入运输箱内，但必须由专人看管或携带；在提背仪器时，应先检查仪器的锁扣是否牢固，背带是否结实；在颠簸的车辆上，应由专人抱置膝上，以保安全。

（3）作业过程中，对仪器的维护应注意以下几点：

① 仪器由专人，最好是使用者本人负责管理与维护。

② 在安置仪器时，首先应将三脚架整置牢靠，从仪器箱中取出仪器时，要先松开固定螺旋，用双手分别抓住仪器的支架，然后轻轻将仪器取出并安放在脚架上，此时一手扶住仪器，另一手迅速拧紧脚架中心螺旋，以使仪器固定在脚架上（在未固定以前，手不能离开仪器），然后将照准部和望远镜各按水平和垂直方向正、反旋转数圈，以使轴套润滑均匀。

③ 在阳光或小雨天气作业时，必须支撑测伞，防止仪器直接暴晒或雨淋。在观测间隙中不要将物镜镜面对着阳光或风沙吹来的方向，以免镜头脱胶或积累灰尘。作业期间观测人员任何时候不得远离仪器。

④ 观测结束后，可用毛刷或绒布擦去仪器上的灰尘，但只能用擦镜头纸或鹿皮擦拭玻璃

镜头，绝不允许用手指或其他物品去擦拭。如仪器不慎被雨水淋湿，应及时用洁净的干布擦去水分，待晾干后方可置入仪器箱中。

⑤ 仪器置入箱中之前必须检查各部件螺旋是否归位，同时须检查所有附件是否齐全，然后方可盖上并锁好。

2. 普通光学仪器的使用常识

经纬仪、水准仪、平板等普通光学仪器是测量外业工作的主要设备。仪器状况的完好，是保证质量完成测量外业工作的必要前提。

（1）领仪器

领仪器时，要首先按以下项目检核仪器

① 箱盖是否关妥、锁好。

② 背带、提手是否结实牢固。

③ 脚架与仪器是否配套，脚架各部件是否完好，其他器材和附件是否齐全。

④ 仪器在搬运过程中，一定要注意安全，凡是能背的仪器，一定要检查好背带，然后按要求背在肩上；不允许用自行车带仪器或背着仪器骑车。

（2）开箱

① 仪器箱应平放在地面上或平台上才能开箱，不要托在手上或抱在怀里开箱，以免将仪器损坏。

② 开箱后未取出仪器前，要注意仪器在箱内的安放位置与方向。以免用完装箱时，因安放位置不正确而损坏仪器。

③ 在取出仪器前因先放松制动螺旋，然后再取出仪器。否则，在取出仪器时，会因强行扭转而损坏制动、微动装置，甚至损坏轴承。

④ 自箱内取出仪器时，应用两只手同时握住基座和照准部分，轻拿轻放。不能只用一只手抓仪器，更不准拿着望远镜将仪器掂出来。

⑤ 自箱内取出仪器后，要立即把箱盖好，以免沙土、杂物进入箱内。搬动仪器时注意不要丢失附件。箱锁或钥匙一定要注意保管好。

（3）使用过程中注意事项

① 仪器箱具有严密的尺寸，是用来固定和保护仪器的，决不允许踩、坐、压或用力碰撞仪器箱。

② 伸缩式脚架三条腿抽出后，要把螺旋拧紧（要适可而止，不要用力过猛，以免螺旋滑丝），防止因螺旋未拧紧而造成架腿自动收缩而摔坏仪器。

③ 安置脚架时，高度要适中，架头要放平，三脚架腿要分开的跨度要适中，太靠拢容易被碰到，太分开容易滑开，都容易造成事故。若在斜坡地面上架设仪器，应使用两条腿在坡下方（可稍长些），另一条腿在坡上方。在光滑地面（如水泥地、柏油路上）架设仪器，要采取安全措施，可用细绳把三脚架揽住，以防止脚架滑动，摔坏仪器。

④ 脚架安放稳妥并将仪器放到脚架头上后，应立即旋紧仪器与脚架间的中心连接螺旋，

防止因忘记拧上连接螺旋或拧得不紧而摔坏仪器。

⑤ 垂球线上不准打死结，如需调节其长短，可用调节板或打活结。

⑥ 大平板仪在进行对中、整平、定向时或在移动脚架过程中，照准仪不要放在测板上，以免掉下来摔坏。

⑦ 仪器应防止烈日暴晒和雨淋，使用时应持伞保护。

⑧ 在任何时候，仪器旁边必须有人守护，以免丢失或行人、车辆、牲畜等碰坏仪器。

⑨ 如遇物镜、目镜表面蒙上水或灰尘，切勿用手、手帕或一般纸去擦，使之产生擦痕，影响观测和使用寿命。揩拭镜头，应先以柔软洁净的毛刷扫去尘沙，再用特备的镜头纸揩拭之。

⑩ 操作仪器时用力均匀，动作要准确、轻捷，用力过大或动作太猛都会造成仪器损伤。

⑪ 在使用仪器前，应将脚螺旋、微动螺旋等放在中间部位，切勿扭至极端，更不准强行扭动。

⑫ 若发现仪器出现故障，应立即停止使用，查明原因并及时送修。不准仪器带病作业和私自拆卸仪器。

（4）迁站及收测

① 在平坦地区短距离迁站时，先检查仪器和脚架中心的连接螺旋，一定要拧紧。微微松开照准部制动螺旋，使万一被碰时可稍微转动。对于一般仪器，可收拢三脚架放在腋下，一手抱住脚架，另一只手托住基座和照准部；对于精密仪器，在迁站时，应将三脚架撑开，用肩托住三脚架内部顶板，使仪器保持垂直。各种仪器严禁将三脚架收拢后扛在肩上迁移。

② 对于远距离或通过行走不便的地区迁站时，应将仪器按要求装箱后搬迁。

③仪器装箱前，要用软毛刷轻拂表面的尘土，盖好镜头盖，仪器箱内若有杂物，应及时清除干净。要松开各制动螺旋并转动三个脚螺旋于中间位置，将仪器放入箱内后，先试盖一次，在确认仪器箱正确盖好后，再将各制动螺旋稍微拧紧，防止仪器在箱内自由转动而损坏某些部件。

④ 无论迁站还是收测，都要清点仪器、器材和附件。如有缺少，应立即寻找。完好后可将仪器箱关妥，扣紧锁好。若丢失附件，应如实记录并报告管理人员。

3. 其他的使用常识

（1）平板仪的板面应加以保护，不准在上面乱写或刀刻、图钉钉等。不允许利用图板当桌面堆放杂物。

（2）钢尺性脆易断，使用时应倍加小心。严禁在地面上拖拉，严禁行人脚踏或各种车辆轧过，使用钢尺时，应两人拉尺，中间有一人托尺，防止因打结而扭断。用完收卷时，应慢慢卷入，同时用布擦去灰沙。皮尺强度小，不宜过于用力。万一皮尺受水浸，应晾干后再卷入。

（3）各种标尺、标杆，不准随便靠在树上或墙上而无人扶，以免滑倒摔坏。绝不允许踏、坐标尺或用标尺、标杆抬东西。在标尺上读数时，不准用指甲或铅笔等做记号或乱画，以免损坏尺面。

（4）标尺、花杆、脚架上的泥土，应随时擦净。如着水应随即擦干，以免油漆脱落或生锈。

（5）勿用垂球撞击地面，以免碰坏影响对中精度。

（6）要防止尺垫、垂球等器材丢失。更不允许记录手簿和有关资料丢失。

4. 外业光电仪器的使用常识

电子经纬仪、电磁波测距仪、全站仪、GPS 接收机等外业仪器，除了按上述普通光学仪器进行使用和保养外，还应按电子仪器的有关要求进行使用和保养，下述几点应特别注意。

（1）蓄电池要按其说明书的规定定期充电，在出测前更应将电量充足，必要时带上备用电池。充电器可留在驻地，收测后及时充电。

（2）要养成及时关闭电源的良好习惯。由于蓄电池的电量有限，要注意节约。在进行搬迁时必须关闭电源。一般电子仪器的微处理器（电子手簿）都有内置电池，不会因为关闭电源而丢失数据（另有要求者除外）。另外，较长时间不观测时若不关闭电源，不仅浪费电量，而且容易误操作，引起数据破坏或丢失。同时，在充电完成之后，必须把充电器断开电源，以延长充电器的使用寿命。

（3）仪器入库前，应将蓄电池电量充足，与仪器分离存放并按要求定期充电，防止长时间不用造成电液泄露腐蚀仪器。

（4）要注意防潮。库房中应有除湿设备并定期（雨季应每天）除湿。长时间不用的电子仪器要定期接通电源，开启 2h 以上。

（5）具有微处理器的仪器使用若干年后，内置电池的电压降低，会影响正常使用，要及时更换内置电池。

5. 内业仪器

目前测绘内业已基本实现数字化，内业仪器的主要设备为计算机及外部设备（如绘图仪、数字化仪、扫描仪等），可按计算机的一般要求正确使用和保养。专业性强的特殊设备，按有关仪器说明使用和保养。

（二）观测手簿的记录要求

1. 记录字体

记录时文字均用正楷体，阿拉伯数字用记录字体。记录数字字体为

1234567890

书写时应注意以下几个问题：

① 略微向右倾斜，符合书写习惯，写起来自然流畅且不易相互更改；

② "1" 起笔应带勾，使之不易改成 "4" "7" "9" 等。但勾不宜太长，以防误认为 "7"；

③ "7" 的拐角应带棱，一笔到底，竖笔应有一定弧度；

④ "8" 应一笔写成，起笔、停笔在右上角并留有缺口，可防止由 "3" 改 "8"；

⑤ "9" 的缺口也留在右上角，可防止由 "0" 改 "9"。

2. 观测手簿

观测手簿是测量成果的原始资料，为保证测量成果的严肃性、可靠性，要求各项记录必须在测量时直接、及时记入手簿，严禁凭记忆补记或记录在其他地方而后进行转抄。

外业观测数据必须记录在编号连续、装订成册的手簿上，手簿不得空页，作废的记录应

保留在手簿上，不得撕页，不得在手簿上乱写乱画。

所有记录与记录过程的计算，均需用 H~3H 绘图铅笔。字体应端庄清晰，字体高度应只占格子的一半，以便留出空隙作更正。

手簿中规定应填写的项目，不得留有空白。

记录员听到观测员报数后，应回报一遍，观测员没有否定后，方可记入手簿，以防听错、记错。

在观测手簿中，对于有正、负意义的量，在记录计算时，都应带上"+"号或"−"号。即使是"+"号也不能省略。

外业观测手簿中记录数字如有错误，严禁用橡皮擦、就字改字、小刀刮或挖补。更正时应用横线将错误数字划去，而后将正确数字写在原数上方，并在备注栏内注明原因。除计算数据外，所有观测数据的更正和淘汰，必须在备注栏内注明原因和重测结果记于哪一页。重测记录前，均应填写"重测"二字。

在同一测站内，不得有两个相关数据"连环涂改"。如更改了"平均数"，则不准再改任一个原始数据。假如两个数均错，则应重测重记。

对于观测值的尾部读数有错误的记录，不论什么原因都不允许更改，而应将该站观测结果废去重测。废去重测的范围如表 1-5。

表 1-5　观测值出现记录错误后的重测规定

测量种类	不准更改部位	应重测范围
水准测量	厘米及毫米读数	该测站
角度测量	秒读数	该测回
钢尺量距	厘米及毫米读数	该尺段

所有记录数字，应按规定位数写齐全，不得省略零位。规定如表 1-6。

表 1-6　读数记录的位数规定

测量种类	数字单位	记录位数	示例
水准测量	毫米	四位	0810
角度测量	度、分、秒	分、秒各两位	103° 00′ 06″

测量成果的整理和计算，应在规定的印制表格或事先画好的计算表格中进行。测量成果是测量的基础资料，也是为用户使用而提供服务的重要依据。因此，要求一定要干净整洁，书写规范，字体工整，按要求位数填写和计算。略图要清晰，点与点的相对位置应与实地一致。

内业用表格进行平差计算时，已知数据用钢笔填写，计算过程用铅笔，最后结果用钢笔。如填写和计算有错误之处，可以用橡皮擦。但不准将整个计算结果重新抄写一遍（"转抄"），以免在抄写过程中出现失误，将数字抄错。

（三）测绘资料的保密

测量外业中所有观测记录、计算成果均属于国家保密资料，应妥善保管，任何单位和个人均不得乱扔乱放，更不得丢失和作为废品卖掉。所有报废的资料需经有关保密机构同意，并在其监督下统一销毁。

测绘内业生产或科研中所用未公开的测绘数据、资料也都属于国家秘密，要按有关规定进行存放、使用和有关密级要求进行保密。在保密机构的指导与监督下，建立保密制度。由于业务需要接触秘密资料的人员，按规定领、借资料，用过的资料或作业成果要按规定上交。任何单位和个人不得私自复制有关测绘资料。

传统的纸介质图纸、数据资料的保管和保密相对容易些。而数字化资料一般都以计算机磁盘（光盘）文件存贮，要特别注意保密问题。未公开的资料不得以任何形式向外扩散。任何单位和个人不得私自拷贝有关测绘资料；生产作业或科研所用的计算机一般不要接入互联网，必须接入互联网的机器要进行加密处理。

另外，在内业作业时特别需要注意的是磁盘文件的可覆盖性和不可恢复性。一个不当的拷贝令或删除命令可能会使多少人的工作前功尽弃，甚至造成不可挽回的损失。使用计算机要养成良好的习惯，在对一个文件进行处理之前首先要备份，作业过程中注意随时存盘，作业结束后要及时备份和上交资料。每过一段时间（如一项任务完成并经过验收后），要清理所有陈旧的备份文件。定期整理磁盘文件有两个目的，其一是腾出计算机磁盘空间，避免以后使用时发生冲突或误用陈旧的数据；其二是为了保密的需要，因为即使是陈旧的数据文件，也与正式成果一样属于秘密资料，无关人员不得接触。

水准测量原理
水准仪的使用

水准测量的原理及仪器的操作

高程是确定地面点位置的要素之一，测定地面点高程的工作称为高程测量。测量高程通常采用的方法有水准测量、三角高程测量、GNSS 高程测量和气压高程测量。水准测量是测量高程的主要方法，也是最精密的方法。

一、水准测量的基本原理

水准测量的原理是利用水准仪提供的一条水平视线，分别读取地面两个点上所立水准尺的读数，由此计算两点的高差，再根据测得的高差由已知点的高程推算未知点的高程。

图 2-1 为测得 A、B 两点的高差 h_{AB}，分别在 A、B 两点上竖立带有分划的标尺——水准尺，在 A、B 两点之间安置可提供水平视线的仪器——水准仪。当视线水平时，在 A、B 两点上的水准尺分别读取读数 a 和 b。

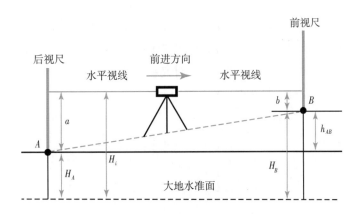

图 2-1 水准测量的基本原理

A — 后视点；a — 后视读数

B — 前视点；b — 前视读数

某一测站上的已知高程点，称为后视点，在后视点上的水准尺读数称为后视读数，用 a 表示。某一测站上的待测高程点，为前视点，在前视点上的水准尺读数为前视读数，用 b 表示。

由图 2-1 可知，仪器的视线高程：$H_i = H_A + a = H_B + b$

根据高差的定义可得 A、B 两点间高差：$h_{AB} = H_B - H_A = a - b$

即：A、B 两点间的高差等于后视读数减前视读数。

高差 h_{AB} 的值可能是正，也可能是负。$h_{AB} > 0$，表示待求点 B 高于已知点 A；$h_{AB} < 0$，表示待求点 B 低于已知点 A；若 $h_{AB}=0$，则表示待求点 B 与已知点 A 等高。

测得两点间高差后，若 A 点高程已知，则 B 点的高程：$H_B = H_A + h_{AB}$。

【例 2-1】图 2-2 中，已知 A 点高程 $H_A = 52.623$m，后视读数 $a = 1.571$ m，前视读数 $b = 0.685$ m，求 B 点高程。

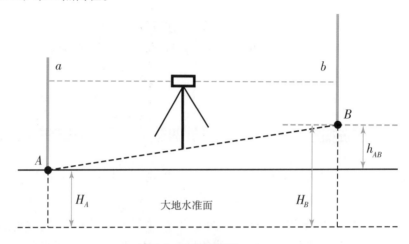

图 2-2 高程测量

解：

$$h_{AB} = a - b = 1.571 - 0.685 = 0.886 （m）$$
$$H_B = H_A + h_{AB} = 52.623 + 0.886 = 53.509 （m）$$

【例 2-2】图 2-3 中，已知 A 点桩顶设计高程为 ±0.000m，后视 A 点读数 $a = 1.217$m，前视 B 点读数 $b = 2.426$m，求 B 点高程。

解：

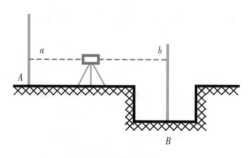

图 2-3 高程测量

$$h_{AB} = a-b=1.217-2.426=-1.209 （m）$$
$$H_B = H_A+h_{AB} =0.000+（-1.209）=-1.209 （m）$$

当 A、B 两点间高差较大或相距较远，安置一次水准仪不能测定两点之间的高差时，可沿

A、B 的水准路线增设若干个临时立尺点，即转点（用 TP 或 ZD 表示，须放置尺垫）分段进行。根据水准测量的原理依次在连续的两个立尺点中间安置水准仪来测定相邻各段间的高差，求和得 A、B 两点间的高差值。如图 2－4 所示。

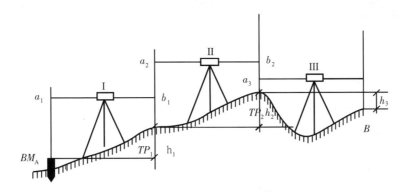

图 2－4 连续水准测量

$$h_1 = a_1 - b_1$$
$$h_2 = a_2 - b_2$$
$$\cdots$$
$$h_n = a_n - b_n$$
$$则：h_{AB} = h_1 + h_2 + \cdots + h_n = \Sigma h = \Sigma a - \Sigma b$$

观测两点间的高差时，每安置一次仪器，称为一个测站。转点既有前视读数又有后视读数，起着传递高程的作用。转点上产生的任何差错，都会影响到以后所有点的高程。

水准测量的目的不仅仅是为了获得两点的高差，也可以通过测得一系列点的高程，判定沿线的地面起伏状况。

二、水准测量的仪器及构造

水准仪是进行水准测量的主要仪器，它可以提供水准测量所必需的水平视线。目前通用的水准仪分为三大类。一类是利用水准管来获得水平视线，称"微倾式水准仪"，如图 2-5（a）；另一类是利用补偿器来获得水平视线的"自动安平水准仪"，如图 2-5（b）；此外，尚有一种新型水准仪——电子水准仪，它配合条码尺，利用数字化图像处理的方法，自动显示高程和距离，从而使水准测量实现自动化，如图 2-5（c）。

我国的水准仪系列标准分为 DS_{05}、DS_1、DS_2、DS_3 和 DS_{10} 五个等级。"D"是大地测量仪器的代号，"S"是水准仪的代号，取"大"和"水"两个字的汉语拼音首字母。角码的数字表示仪器的精度。目前工程测量广泛使用自动安平水准仪。

（a）微倾式水准仪

（b）自动安平水准仪

（c）电子水准仪

图2-5 水准仪种类

（一）自动安平水准仪的构造

水准仪的构成主要有望远镜、圆水准器及基座三部分。

图2-6 自动安平水准仪结构示意图

1-物镜; 2-物镜调焦透镜; 3-补偿器棱镜组; 4-十字丝分划板; 5-目镜

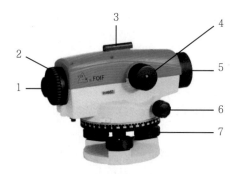

图2-7 苏一光NAL124自动安平水准仪的各部件名称

1-目镜; 2-目镜调焦螺旋; 3-粗瞄器; 4-调焦螺旋; 5-物镜; 6-水平微动螺旋;

7-脚螺旋; 8-反光镜; 9-圆水准器; 10-刻度盘; 11-基座

1. 望远镜

望远镜由物镜、目镜、对光透镜、十字丝分划板和自动补偿器组成。

物镜和目镜多采用复合透镜组。十字丝分划板是由平板玻璃圆片制成的，装在分划板座上，分划板座固定在望远镜筒上，如图2-8。

十字丝分划板上刻有两条互相垂直的长线，竖直的一条称竖丝，横的一条称为中丝，是为了瞄准目标和读数用的。在中丝的上下还对称地刻有两条与中丝平行的短横线，是用来测定距离的，称为视距丝。

十字丝交点与物镜光心的连线，称为视准轴或视线。

对光透镜可使不同距离的目标均能成像在十字丝平面上。再通过目镜，便可看清同时被放大了的十字丝和目标影像。

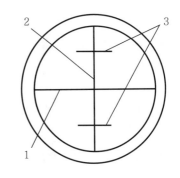

图2-8 十字丝分划板

1-十字丝横丝；2-十字丝竖丝；3-视距丝

自动安平水准仪在望远镜的光学系统中装有一个自动补偿器代替了管水准器，起到了自动安平的作用，补偿器一般有两种，一种是悬挂的十字丝板，另一种是悬挂的棱镜组，目前常用的是悬挂的棱镜组。

当望远镜视线有微量倾斜时补偿器在重力作用下对望远镜作相对移动，从而能自动且迅速地获得视线水平时的水准尺读数。

自动安平水准仪的望远镜可绕水准仪的竖轴在基座上水平转动，采用的是摩擦制动（无制动螺旋）控制望远镜的转动。

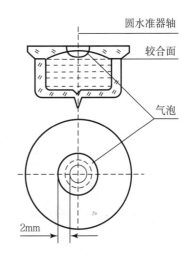

图2-9 圆水准器结构图

2. 圆水准器

圆水准器（图2-9）是一个封闭的圆形玻璃容器，内壁顶面为球面的玻璃圆盒，容器内盛乙醚类液体，留有一小圆气泡。一般只用于粗略整平。

3. 基座

基座由轴座、脚螺旋、三角压板和底板构成，其作用是支撑上部仪器并连接三脚架，通过旋转基座上的三个脚螺旋可整平仪器。

（二）水准尺及尺垫

水准尺是水准测量时使用的标尺。其质量好坏直接影响水准测量的精度。水准尺用优质木材或铝合金制成，要求尺长稳定，分划准确。常用的水准尺有双面尺和塔尺两种。

塔尺长度一般为5m，用三节套接在一起，可伸缩，携带方便，但接合处容易产生误差。尺的底部为零点，尺上黑白格相间，每格宽度为1cm，有的为0.5cm，米和分米处均有注记。

双面水准尺长度有2m和3m两种，且两根尺为一对，如图2-10。尺的两面均有刻划，一

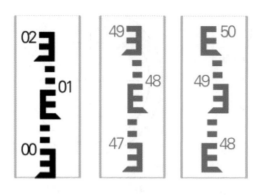

图 2 - 10　双面水准尺

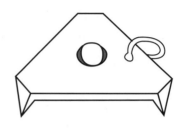

图 2 - 11　尺垫

面为黑白相间，称黑面尺，另一面为红白相间称红面尺。两面的刻划均为 1cm，并在分米处（E字形刻划尖端）注字。两根尺的黑面均由零开始，而红面一根尺由 4687mm 开始，另一根由 4787mm 开始，利用双面尺可对读数进行检核。

尺垫是用于转点上的一种工具，一般由铸铁制成（图 2 - 11），尺垫可使转点稳固防止下沉。使用时把三个尖脚踩入土中，再将水准尺立在突出的圆顶上。

三、水准仪的使用

水准仪的基本操作包括安置、整平、瞄准和读数四个步骤。

（一）安置

1. 调整高度

一只手握住架头，另一只手松开脚架上的三个固定螺旋。上提脚架，架腿自然下滑，架头提至与肩齐平，如图 2-12。随后拧紧螺旋，固定架腿。注意拧紧螺旋的力度不要过大，手略感吃力即止。

2. 打开脚架

调整好脚架高度后，以一个架腿触地为支点，两手分别提起另外两个架腿，向后侧方拉开，使三个架腿的落地点大致构成一个等边三角形，每条架腿与地面大致呈 60° 角，架头基本水平，如图 2-13。并将三个架腿踩实。

在坡地上则应使两个架腿在下坡方向，一个架腿在上坡方向。脚架的空挡与两个立尺点相对，以防止在测量的过程中出现骑跨架腿的现象。

3. 安置仪器

脚架立好后，打开仪器箱取出仪器，随手关上仪器箱，以防灰尘等落入。一手握住仪器的坚固部位，一手托住仪器底部。将仪器的底座一侧接触架头，然后顺势放平仪器，旋紧底座

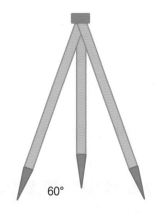

图 2 - 12 调整脚架高度   图 2 - 13 打开脚架

固定螺旋。要求松紧适度，确认已牢固地连结在三脚架上之后才可放手。

（二）整平

自平仪的整平是通过调节脚螺旋使圆水准气泡居中，仪器竖轴大致铅垂，再利用自动补偿装置，保证视准轴水平。

整平时，先用任意两个脚螺旋使气泡移到垂直于这两个脚螺旋连线的方向上，气泡自 a 移到 b，如图 2-14（a）。然后再单独用第三个脚螺旋使气泡居中，从而使整个仪器置平，如图 2-14（b）。如仍有偏差可重复进行。

操作时注意以下要领：

（1）先调两个脚螺旋，然后调第三个脚螺旋；

（2）旋转两个脚螺旋时必须作相对转动；

（3）气泡不居中时，总是偏向高处；

（4）气泡移动方向和左手大拇指移动方向一致。

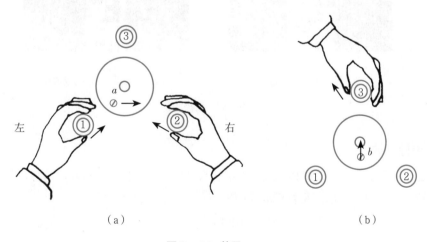

（a）   （b）

图 2 - 14 整平

（三）瞄准

1. 目镜调焦

将望远镜对准天空（或明亮背景），然后旋转目镜上的调焦螺旋，使十字丝分划板清晰，如图 2-15。

2. 物镜调焦

通过调节物镜调焦螺旋，使目标的成像清晰地落在十字丝分划板平面上，如图 2-16。

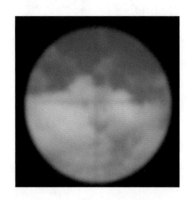 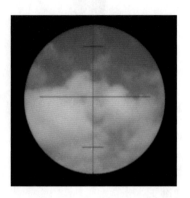

（a）十字丝调整前 　　　　　　　　　（b）十字丝调整后

图 2-15　目镜调焦

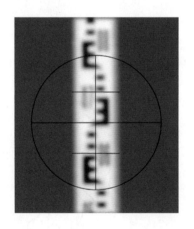 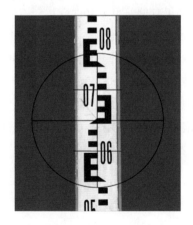

（a）调整前目标的成像 　　　　　　　　（b）调整后目标的成像

图 2-16　物镜调焦

3. 消除视差

当眼睛在目镜端上下微微移动时，十字丝与目标影像发生相对运动，这种现象称为视差，如图 2-17。产生视差的原因是目标成像的平面和十字丝平面不重合。

由于视差的存在会影响到读数的正确性，所以必须加以消除。方法是重新仔细地进行物镜对光，直到眼睛上下移动，读数不变为止。

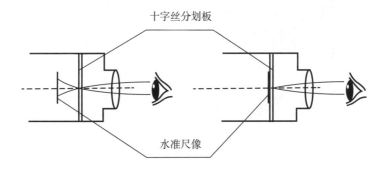

图 2 - 17　视差现象

（四）读数

用十字丝的中丝在水准尺上读数。

①方法：米、分米看尺面上的注记，厘米数尺面上的格数，毫米估读。

②规律：在尺面上按由小到大的方向读。

如图 2 - 18，（a）图的水准尺读数为 0705mm，（b）图的水准尺读数为 5536mm。

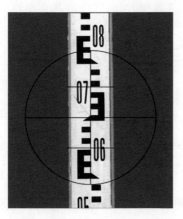

（a）黑面读数

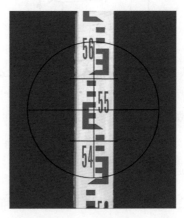

（b）红面读数

2 - 18　水准尺读数

水准测量的方法、记录与计算

一、水准点与点之记

（一）水准点

为了统一全国的高程系统和满足各种测量的需要，测绘部门在全国各地埋设并测定了很多高程点，这些点称为水准点（bench mark），简记为 BM。水准测量通常是从水准点引测其它点的高程，有永久点（图 3-1）和临时点两种。

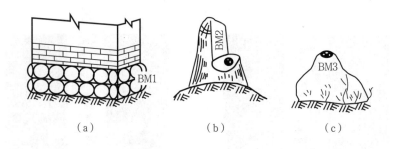

（a）　　　　　　　　　　（b）　　　　　　　　　　（c）

图 3-1　永久性水准点

（二）水准点的埋设

永久点一般用石料或混凝土制成，深埋在地面线冻土层下，其顶面嵌入一金属或瓷质的水准标志，标志中央半球形的顶点表示水准点的高程位置，如图 3-2。有的永久点埋设在稳固

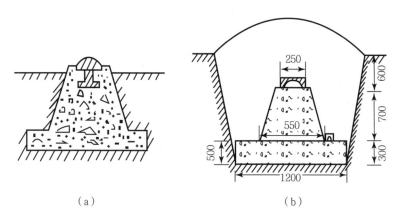

（a）　　　　　　　　　　　　　（b）

图 3-2　永久性水准点埋设

建筑物的墙脚上，称为墙上水准点。

临时点常用木桩打入地下，桩顶钉入一半球状头部的铁钉，以示高程位置。

（三）点之记

为了便于以后的寻找和使用，每个水准点都应绘制水准点附近的地形草图，标明点位到附近不少于两处明显、稳固地物点的距离，便于使用时寻找。水准点应注明点号、等级、高程等情况，这项工作称为点之记，如图3-3。

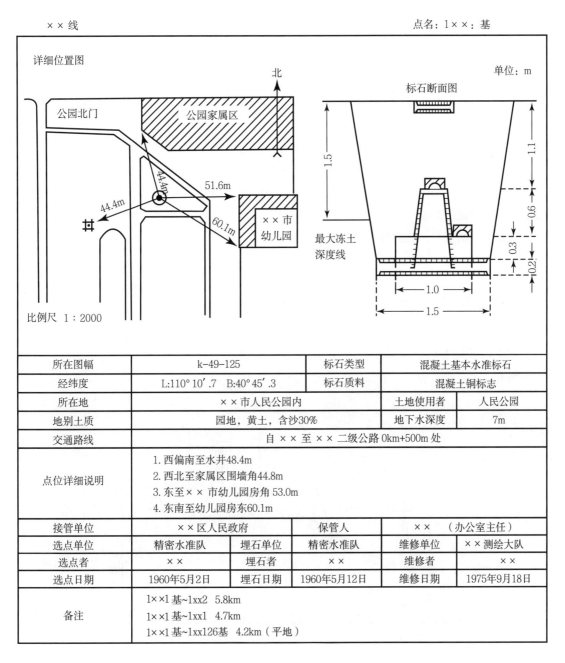

所在图幅	k-49-125		标石类型	混凝土基本水准标石
经纬度	L:110°10′.7　B:40°45′.3		标石质料	混凝土铜标志
所在地	××市人民公园内		土地使用者	人民公园
地别土质	园地，黄土，含沙30%		地下水深度	7m
交通路线	自××至××二级公路0km+500m处			
点位详细说明	1.西偏南至水井48.4m 2.西北至家属区围墙角44.8m 3.东至××市幼儿园房角53.0m 4.东南至幼儿园房东60.1m			
接管单位	××区人民政府	保管人	××	（办公室主任）
选点单位	精密水准队	埋石单位	精密水准队	维修单位	××测绘大队
选点者	××	埋石者	××	维修者	××
选点日期	1960年5月2日	埋石日期	1960年5月12日	维修日期	1975年9月18日
备注	1××1基~1xx2　5.8km 1××1基~1xx1　4.7km 1××1基~1xx126基　4.2km（平地）			

图3-3　点之记

二、水准测量的施测方法

如图3-4所示，水准点A的高程为43.150m，要测定B点的高程。观测时临时加设了3个转点，共进行了4个测站的观测，每个测站观测时的程序相同，其观测步骤、记录、计算如下：

（1）在水准点 BM_A 上立尺，再沿着水准路线方向，选择一测站点安置仪器，整平。同时选择适当位置放置尺垫、踩实，作为转点（TP_1），然后在尺垫上立前视尺。

选择转点时应注意水准仪至前、后两根水准尺的距离尽可能相等，视线长度不超过150 m。

（2）照准后视A点水准尺，中丝读取后视读数 a_1=1.525m，记录员复诵后记入手簿，见表3-1。

（3）照准前视转点（TP_1）水准尺，读取前视读数 b_1=0.897m。记录员复诵后记入手簿，并计算出A点与 TP_1 之间的高差：

$$h_1 = a_1-b_1=1.525-0.897=0.628（m）$$

（4）第一个测站观测完后，TP_1 处的尺垫和水准尺保持不动，将仪器移到第Ⅱ站安置，选择好 TP_2 后，将A点水准尺移至 TP_2 尺垫上，继续进行第二站的观测、记录、计算，用同样的方法一直观测到B点。

每安置一次仪器，就测得一个高差，即：

$$h_1 = a_1-b_1$$
$$h_2 = a_2-b_2$$
$$\cdots$$
$$h_4 = a_4-b_4$$

将各式相加得A、B的高差：$h_{AB} = \sum h = \sum a - \sum b$

则B点的高程：$H_B = H_A + \sum h = H_A +\left(\sum a - \sum b\right)$

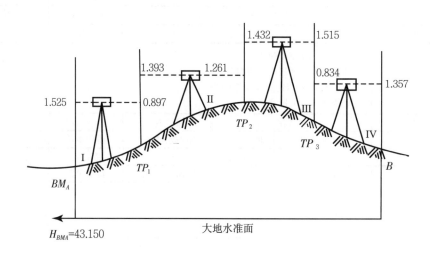

图3-4　水准测量的实施

表 3-1 普通水准测量记录手簿

时间：×× 月 ×× 日　　　天气：×××　　　观测：×××　　　记录：×××　　　复核：×××

测点	后视读数 /m	前视读数 /m	高差 /m	高程 /m	备注
BM_A	1.525			43.150	已知水准点
			0.628		
TP_1	1.393	0.897		43.778	
			0.132		
TP_2	1.432	1.261		43.910	
			−0.083		
TP_3	0.834	1.515		43.827	
			−0.523		
B		1.357		43.304	
计算校核	$\sum a$=5.184	$\sum b$=5.030	$\sum h$=0.154	$H_终-H_始$=0.154	计算无误
	$\sum a-\sum b$=0.154				

三、水准测量的三项检核与成果计算

（一）计算检核

后视读数总和与前视读数总和之差，应等于高差总和。

即：$\sum a - \sum b = \sum h$

若上式相等说明高差计算无误。

（二）测站检核

待定点 B 的高程是根据 A 点高程和沿线各测站所测的高差计算出来的，为了确保观测高差正确无误，须对各测站的高差进行检核，这种检核称为测站检核。常用的检核方法有两次仪器高法和双面尺法两种。

1. 两次仪器高法

两次仪器高法是在同一测站上用两次不同的仪器高度，两次测定高差。即测得第一次高差后，改变仪器高度约 10 cm 以上，再次测定高差。若两次测得的高差之差不超过 ±5mm，则取其平均值作为该测站的观测高差。否则需重测。

2. 双面尺法

双面尺法是在一测站上，仪器高度不变，分别用双面水准尺的黑面和红面两次测定高差。若两次测得的高差之差不超过 ±5mm，则取其平均值作为该测站的高差。否则需重测。

（三）路线检核

1. 路线形式

虽然每一测站都进行了检核，但一条水准路线是否正确还是没有保证。例如，在后、前视某一转点时，水准尺未放在同一点上，利用该转点计算的相邻两站的高差虽然精度符合要求，但这一条水准路线却含有错误，因此必须进行路线检核。

单一水准路线的形式有三种，闭合水准路线、附合水准路线和支水准路线，如图3-5。

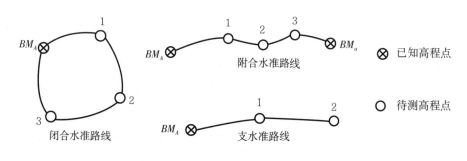

图3-5 单一水准路线的形式

①闭合水准路线

由 BM_A 出发，沿环线经待测高程点1、2、3进行水准测量后，最后测回到原水准点 BM_A，称为闭合水准路线。

闭合水准路线中，各段高差的总和，理论上应等于零。

即：$\sum h_{理}=0$

由于观测误差不可避免，实测高差与理论高差一般不可能完全相等，其差值称为高差闭合差，用f_h表示。

$f_h = \sum h_{测} - \sum h_{理} = \sum h_{测} - 0 = \sum h_{测}$

②附合水准路线

水准路线从已知水准点 BM_A（起点）出发，沿着待定点1、2、3进行水准测量，最后从3点测到另外一个已知水准点 BM_B（终点）上。

附合水准路线中，各段高差的总和，理论上应等于两个水准点之间的高差。

即：$\sum h_{理} = H_{终} - H_{始}$

附合水准路线的高差闭合差为：$f_h = \sum h_{测} - \sum h_{理} = \sum h_{测} - (H_{终} - H_{始})$

③支水准路线

由一已知水准点 BM_A 出发，经过不超过两个待测点后，既不附合到其他水准点上，也不自行闭合，称为支水准路线。

支水准路线要进行往返观测，往测高差 $\sum h_{往}$ 与返测高差 $\sum h_{往}$ 的代数和理论上为零。

如不等于零，则高差闭合差为：$f_h = \sum h_{往} + \sum h_{返}$

各种路线形式的水准测量，其高差闭合差均不应超过容许值，否则认为观测结果不符合要求。

以上三种水准路线校核方式中，附合水准路线方式校核最可靠，它除了可检核观测成果有无差错外，还可以发现已知点是否有抄错成果、用错点位等问题。支水准路线仅靠往返观测校核，若起始点的高程抄录错误和该点的位置搞错，是无法发现的。

2. 精度要求

在测量工作中，由于种种原因，如仪器不够完善，观测、读数有误差，以及外界条件的影响（如大气折光，温度变化等），使得观测结果总是存在误差。当观测误差小于容许误差时，认为测量成果合格，可供使用；若大于容许误差，一般说明发生了差错，应该查明原因，予以重测。

普通水准测量的精度要求，根据《工程测量规范》（GB50026—2007）规定：

山地： $f_{h容} = \pm 12\sqrt{n}$

平原： $f_{h容} = \pm 40\sqrt{L}$

式中：$f_{h容}$ —— 高差闭合差的容许值；

    L —— 为水准路线长度，以 km 为单位；

    n —— 为水准路线测站数。

水准测量成果计算

水准测量外业工作结束后，要检查记录手簿，再计算各点间的高差。经核查无误后，才能进行精度检核和高差闭合差调整，最后计算各点的高程。否则应查找原因予以纠正，必要时应返工重测。下面将根据水准路线布设的不同形式，举例说明内业计算的方法。

一、闭合水准路线成果计算

【例 4-1】如图 4-1 所示，闭合水准路线各段观测数据及已知点高程均注于图中，现以该闭合水准路线为例，将成果计算的步骤介绍如下，并将计算结果列入表 4-1 中。

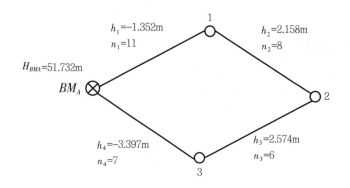

图 4-1 闭合水准路线测量

表 4-1 闭合水准路线成果计算表

点号	测站 n_i	实测高差 h_i / m	改正数 v_i / mm	改正后高差 $h_{改}$ / m	高程 H / m
BM_A	11	−1.352	+6	−1.346	51.732
1					50.386
	8	2.158	+4	2.162	
2					52.548
	6	2.574	+3	2.577	
3					55.125
BM_A	7	−3.397	+4	−3.393	51.732
Σ	32	−0.017	+17	0	

计算步骤如下：

（1）计算高差闭合差 $f_h = \sum h_{测} = -0.017\text{m} = -17\text{mm}$

（2）计算闭合差容许值 $f_{h容} = \pm 12\sqrt{n} = \pm 12\sqrt{32} = \pm 67$（mm）

因为 $|f_h| < |f_{h容}|$，故其精度符合要求，可以调整高差闭合差。

（3）计算高差改正数

> 高差闭合差的调整原则是把闭合差以相反的符号根据各测段的测站数或路线长度按正比例分配到各测段高差上。

即：

$$v_i = \frac{-f_h}{\sum n} \times n_i$$

或：

$$v_i = \frac{-f_h}{\sum L} \times L_i$$

式中：v_i—— 第 i 测段的高差改正数；

n_i—— 第 i 测段的测站数；

$\sum n$——水准路线的测站总数；

L_i—— 第 i 测段的测段长度；

$\sum L$——水准路线总长度。

> 计算高差改正数时，取整至毫米位。小数的取舍原则是"四舍六入，逢五奇进偶不进"，且改正数的总和与高差闭合差大小相等，符号相反。

各测段改正数 v_i 计算如下：

$$v_1 = -(f_h/\sum n) \times n_1 = -(-17/32) \times 11 = 5.8 \approx 6 \text{（mm）}$$
$$v_2 = -(f_h/\sum n) \times n_2 = -(-17/32) \times 8 = 4.2 \approx 4 \text{（mm）}$$
$$v_3 = -(f_h/\sum n) \times n_3 = -(-17/32) \times 6 = 3.2 \approx 3 \text{（mm）}$$
$$v_4 = -(f_h/\sum n) \times n_4 = -(-17/32) \times 7 = 3.7 \approx 4 \text{（mm）}$$

检核：$\sum v = +0.017\text{mm} = -f_h$

（4）计算改正后高差 $h_{i改}$

各测段观测高差 h_i 分别加上相应的改正数 v_i 后，即得改正后高差。

$$h_{1改} = h_1 + v_1 = -1.352 + 0.006 = -1.346$$
$$h_{2改} = h_2 + v_2 = 2.158 + 0.004 = 2.162$$
$$h_{3改} = h_3 + v_3 = 2.574 + 0.003 = 2.577$$
$$h_{4改} = h_4 + v_4 = -3.397 + 0.004 = -3.393$$

> 改正后的高差总和，应等于高差的理论值0，即：$\sum h_{i改} = 0$

（5）计算待测点高程

由已知的 BM_A 开始，根据各测段改正后的高差，依次计算各待测点高程，最后还应推算到已知的起点高程进行检核。

$$H_1 = H_{BMA} + h_{1改} = 51.732 + (-1.346) = 50.386$$
$$H_2 = H_1 + h_{2改} = 50.386 + 2.162 = 52.548$$
$$H_3 = H_2 + h_{3改} = 52.548 + 2.577 = 55.125$$
$$H_{BMA} = H_3 + h_{4改} = 55.125 + (-3.393) = 51.732$$

与已知一致，计算无误。

二、附合水准路线成果计算

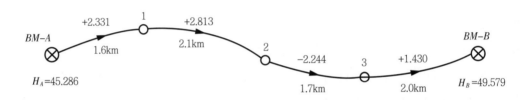

图 4 - 2　附合水准路线测量

【例 4-2】图 4-2 为附合水准路线观测成果略图。**BM-A** 和 **BM-B** 为已知高程点，图中箭头表示水准测量前进方向，路线上方的数字为两点间的实测高差（以 m 为单位），路线下方数字为该测段路线的长度，试计算待定点 1、2、3 的高程。

计算过程如下：

（1）计算高差闭合差：$f_h = \sum h_{测} - (H_{终} - H_{始}) = 4.330 - 4.293 = 0.037$（m）$= 37$（mm）

（2）计算闭合差容许值：$f_{h容} = \pm 40\sqrt{L} = \pm 40\sqrt{7.4} = \pm 108$（mm）

$|f_h| < |f_{h容}|$，可进行闭合差调整。

（3）计算各段高差改正数

$$v_i = -f_h \times \frac{L_i}{L}$$

$$v_1 = -f_h \times \frac{L_1}{L} = -37 \times \frac{1.6}{7.4} = -8$（mm）$$

$$v_2 = -f_h \times \frac{L_2}{L} = -37 \times \frac{2.1}{7.4} = -10.5$（mm）$$

$$v_3 = -f_h \times \frac{L_3}{L} = -37 \times \frac{1.7}{7.4} = -8.5$（mm）$$

$$v_4 = -f_h \times \frac{L_4}{L} = -37 \times \frac{2.0}{7.4} = -10$（mm）$$

为保证 $\sum v_i = -f_h$，小数经取舍后有：

$v_1 = -8\text{mm}$，$v_2 = -11\text{mm}$，$v_3 = -8\text{mm}$，$v_4 = -10\text{mm}$

（4）计算各段改正后高差

改正后高差 = 实测高差 + 改正数

$$h_{1\text{改}} = h_1 + v_1 = 2.33 - 0.008 = 2.323$$
$$h_{2\text{改}} = h_2 + v_2 = 2.813 - 0.011 = 2.802$$
$$h_{3\text{改}} = h_3 + v_3 = -2.244 - 0.008 = -2.252$$
$$h_{4\text{改}} = h_4 + v_4 = 1.430 - 0.010 = 1.420$$

改正后的高差总和，应等于高差的理论值，即：$\sum h_{i\text{改}} = H_{BMB} - H_{BMA}$

（5）计算1、2、3各点的高程

$$H_1 = H_A + h_{1\text{改}} = 45.286 + 2.323 = 47.609$$
$$H_2 = H_1 + h_{2\text{改}} = 47.509 + 2.802 = 50.411$$
$$H_3 = H_2 + h_{3\text{改}} = 50.311 - 2.252 = 48.159$$
$$H_B = H_3 + h_{4\text{改}} = 48.059 + 1.420 = 49.579$$

经检核，与已知高程数据一致，计算无误。

将计算结果填入表4-2中。

表 4-2　附合水准路线成果计算表

点号	路线长 / km	实测高差 h_i / m	改正数 v_i / m	改正高差 $h_{\text{改}}$ / m	高程 H / m	备注
BM-A	1.6	2.331	−0.008	2.323	45.286	已知点
1					47.609	
	2.1	2.813	−0.011	2.802		
2					50.411	
	1.7	−2.244	−0.008	−2.252		
3					48.159	
BM-B	2.0	1.430	−0.010	1.420	49.579	已知点
Σ	7.4	4.330	−0.037	4.293		
成果检核	$f_h = \sum h_{\text{测}} - (H_{\text{终}} - H_{\text{始}}) = 4.330 - 4.293 = 0.037\text{m} = 37\text{mm}$ $f_{h\text{容}} = \pm 40\sqrt{L} = \pm 40\sqrt{7.4} = \pm 108\ (\text{mm})$ $f_h < f_{h\text{容}}$，精度合格					

三、支水准路线成果计算

【**例 4-3**】图 4-3 为一支水准路线的观测成果略图。已知水准点 A 的高程为 68.254 m，往、返测站共 16 站，计算 1 点的高程。

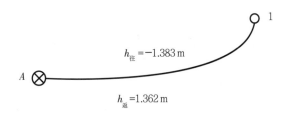

图 4-3 支水准路线测量

解：

$$f_h = h_{往} + h_{返} = -1.383 + 1.362 = -0.021\text{m} = -21\text{mm}$$

$$f_{h容} = \pm 12\sqrt{n} = \pm 12\sqrt{16} = \pm 48\,(\text{mm})$$

因为 $|f_h| < |f_{h容}|$，其精度符合要求，可做下一步工作。

> **支水准路线往、返测高差的平均值即为改正后高差，其符号以往测为准。**

$$h_{A1改} = -\frac{|h_{往}| + |h_{返}|}{2} = -\frac{(1.383 + 1.362)}{2} = -1.372\,(\text{mm})$$

起点高程加改正后高差，即得 1 点高程，即：

$$H_1 = H_A + h_{A1改} = 68.254 - 1.372 = 66.882\,(\text{m})$$

水准仪的检验
水准测量误差

水准仪的检验及水准测量误差分析

根据水准测量原理，水准仪必须提供一条水平视线，才能正确地测出两点间高差。为保证水准仪能进行正确的观测，应进行以下检验工作：

（1）圆水准器的检验；

（2）十字丝的横丝的检验；

（3）i 角误差的检验。

一、水准仪的检验

（一）圆水准器的检验

1. 目的

使圆水准轴平行于仪器的竖轴。

2. 方法

架设仪器，调节脚螺旋使圆水准器泡居中，如图 5-1（a）；气泡居中后，再将仪器绕竖轴旋转 180°，如图 5-1（b），看气泡是否居中。如果气泡仍居中，说明圆水准轴平行于仪器的竖轴；如果不居中，说明圆水准轴不平行于仪器的竖轴，需要校正。

（a）　　　　　　　　　　　　　　　　（b）

图 5-1　圆水准器的检验

（二）十字丝横丝的检验

1. 目的

当水准仪整平后，十字丝的横丝应该水平，即十字丝应垂直于竖轴。

2. 方法

整平水准仪后，用横丝的一端对准一固定点 P，转动微动螺旋，看 P 点是否沿着横丝移动。若目标始终在横丝上移动，说明满足条件，不需要校正，如图 5-2（a）、（b）；若目标不在横丝上移动，说明不满足条件，则需要校正，如图 5-2（c）、（d）。

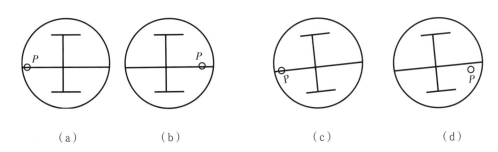

（a） （b） （c） （d）

图 5-2 十字丝横丝的检验

（三）i 角误差的检验

1. 目的

水准仪是否存在 i 角误差

2. 方法

平坦地上选 A、B 两点，约 100 m。在中点 C 安置仪器，读取 a_1、b_1，得 $h_1 = a_1 - b_1$。在距 A 点约 2~3 m 处架仪，读取 a_2、b_2，得 $h_2 = a_2 - b_2$，如图 5-3。

若 $h_2 = h_1$，则水准仪 i 角误差为零，不需要校正；若 $h_2 \neq h_1$，则 i 角误差存在，若超过限值，需要校正。

$$i = \frac{h_2 - h_1}{D_{AB}} \cdot \rho''$$

式中：$\rho'' = 206265$。

对于 S_3 水准仪，若 i 角大于 20″ 时，则需要校正。

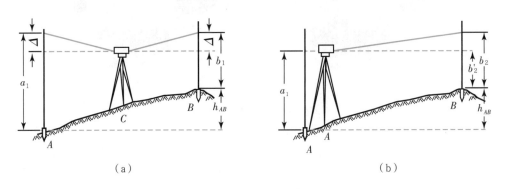

（a） （b）

图 5-3 水准仪 i 角误差的检验

二、水准测量误差分析

测量工作中由于仪器、人、环境等各种因素的影响，使测量成果中都带有误差。为了保证测量成果的精度，需要分析研究产生误差的原因，并采取措施消除和减小误差的影响。水准测量中误差的主要来源如下。

（一）仪器误差

1. i 角误差

仪器虽经过校正，但 i 角仍会有微小的残余误差。当在测量时如能保持前视和后视的距离相等，这种误差就能消除。当因某种原因某一测站的前视（或后视）距离较大，那么就在下一测站上使后视（或前视）距离较大，使误差得到补偿。

2. 调焦引起的误差

当调焦时，调焦透镜光心移动的轨迹和望远镜光轴不重合，则改变调焦就会引起视准轴的改变，从而改变了视准轴与水准管轴的关系。如果在测量中保持前视后视距离相等，就可在前视和后视读数过程中不改变调焦，避免因调焦而引起的误差。

3. 水准尺的误差

水准尺的误差包括分划误差和尺身构造上的误差，构造上的误差如零点误差和箱尺的接头误差。所以使用前应对水准尺进行检验。水准尺的分划误差是每米真长的误差，它具有积累性质，高差愈大误差也愈大。误差过大时，应在成果中加入尺长改正。

（二）观测误差

1. 估读不准

水准尺上的毫米数都是估读的，估读的误差决定于视场中十字丝和厘米分划的宽度，所以估读误差与望远镜的放大率及视线的长度有关。通常在望远镜中十字丝的宽度为厘米分划宽度的十分之一时，能准确估读出毫米数。所以在各种等级的水准测量中，对望远镜的放大率和视线长的限制都有一定的要求。此外，在观测中还应注意消除视差，并避免在成像不清晰时进行观测。

2. 立尺不直

水准尺没有立直，无论向哪一侧倾斜都使读数偏大。这种误差随尺的倾斜角和读数的增大而增大。例如水准尺有 3° 的倾斜，读数为 1.5m 时，可产生 2mm 的误差。为使尺能立直，水准尺上最好装有水准器。没有水准器时，可采用摇尺法，读数时把水准尺的上端在视线方向前后来回缓慢摆动，观测到的最小读数就是水准尺立直时的读数，如图5-4。这种误差在前后

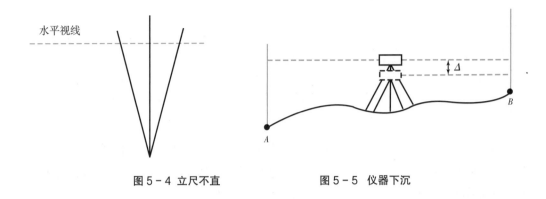

图 5-4 立尺不直   图 5-5 仪器下沉

视读数中均可发生，所以在计算高差时可以抵消一部分。

（三）外界环境的影响

1. 仪器下沉和水准尺下沉的误差

（1）水准仪下沉

在读取后视读数和前视读数之间若仪器下沉了 Δ，由于前视读数减少了 Δ 从而使高差增大了 Δ，如图 5-5。在松软的土地上，每一测站都可能产生这种误差。当采用双面尺或两次仪器高时，第二次观测可先读前视点 B，然后读后视点 A，则可使所得高差偏小，两次高差的平均值可消除一部分仪器下沉的误差。用往测、返测时，用同样的方法亦可消除部分的误差。

（2）水准尺下沉

在仪器从一个测站迁到下一个测站的过程中，若转点下沉了 Δ，则使下一测站的后视读

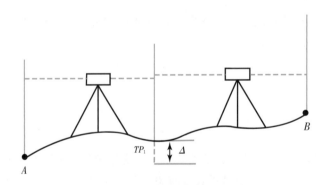

图 5-6 水准尺下沉

数偏大，使高差也增大 Δ，如图 5-6。在同样情况下返测，则使高差的绝对值减小。所以取往返测的平均高差，可以减弱水准尺下沉的影响。

所以，在进行水准测量时，须选择坚实的地点安置仪器和转点，避免仪器和尺的下沉。

2. 地球曲率和大气折光的误差

（1）地球曲率引起的误差

理论上水准测量应根据水准面来求出两点的高差，如图 5-7，但视准轴是一条直线，因此

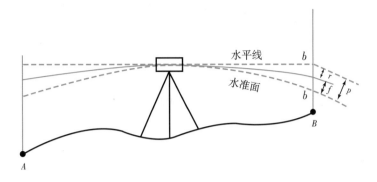

图 5 - 7 地球曲率及大气折光影响

使读数中含有由地球曲率引起的误差 P。

$$P = \frac{S^2}{2R}$$

式中：S—— 视线长；

　　　R ——地球的半径。

（2）大气折光引起的误差

水平视线经过密度不同的空气层被折射，一般情况下形成向下弯曲的曲线，它与理论水平线所得读数之差，就是大气折光误差 r，如图5-7。实验得出：大气折光误差比地球曲率误差要小，是地球曲率误差的 K 倍，在一般大气情况下，$K=1/7$，故

$$r = K\frac{S^2}{2R} = \frac{S^2}{14R}$$

水平视线在水准尺上的实际读数 b' 与按水准面得出的读数 b 之差，就是地球曲率和大气折光总的影响值 f。

$$f = P - r = 0.43\frac{S^2}{R}$$

当前后视距相等时，这种误差在计算高差时可抵消。但是离近地面的大气折光变化十分复杂，在同一测站的前视和后视距离上就可能不同，所以即使保持前后视距离相等，大气折光误差也不能完全消除。由于 f 值与距离的平方成正比，所以限制视线的长可以使这种误差大为减小，此外使视线离地面尽可能高些，也可减弱折光变化的影响。

3. 气候的影响

除了上述各种误差来源外，气候的影响也给水准测量带来误差。如风吹、日晒、温度的变化和地面水分的蒸发等。所以观测时应注意气候带来的影响。为了防止日光曝晒，仪器应打伞保护。无风的阴天是最理想的观测天气。

角度测量

角度测量

一、角度测量的原理

角度测量是测量的三项基本工作之一，主要包含水平角测量和竖直角测量。常用的测角仪器有经纬仪和全站仪，用它可以测量水平角和竖直角。

（一）水平角

地面上某点到两目标方向在水平面上垂直投影的夹角。或由地面上一点发出的两方向线所在竖直平面间的二面角。其角值范围为 0 ~ 360°，如见图 6 – 1。

若在 A 点的铅垂线上任一点 O，设置一按顺时针方向增加从 0 ~ 360° 分划的水平刻度圆盘，使刻度盘圆心正好位于过 A 点的铅垂线上。

设 A 点到 B、C 目标方向线在水平刻度盘上的投影读数分别为 b 和 c，则水平角：$\beta = c - b$，即：

水平角 = 右目标读数 − 左目标读数

当 $\beta < 0°$ 时，加上 360°。

（二）竖直角

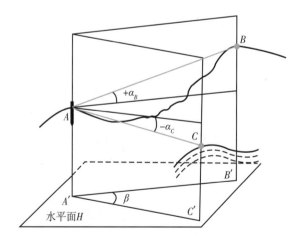

图 6 – 1 水平角

同一铅垂面内，视线与水平线间的夹角称为竖直角 α，又称垂直角，或者倾斜角。

仰角：视线在水平线之上，α 为正

俯角：视线在水平线之下，α 为负

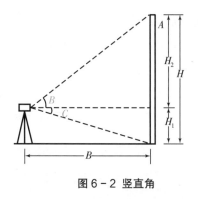

图 6-2 竖直角

其角值范围为 $-90° \sim +90°$，在观测设备的横轴上安置竖直度盘，竖盘圆心位于横轴的轴线上，视线与水平线在竖盘上投影的差值即为该方向的竖直角，如图 6-2。

二、水平角观测方法

在水平角观测中，为了发现错误并提高测角精度，一般要用盘左和盘右两个位置进行观测，也叫正倒镜。正镜是指观测者正对望远镜目镜时，竖直度盘位于望远镜的左侧叫正镜，也称作盘左位置；倒镜是指观测者正对望远镜目镜时，竖直度盘位于望远镜的右侧叫倒镜，也称作盘右位置。

（一）测回法观测（正、倒镜观测）

1. 适用范围

理论上，正、倒镜瞄准同一目标时水平度盘读数相差 $180°$，正、倒镜观测可削弱仪器误差影响，还可检核测角精度。测回法适用于观测两个方向的单角。

2. 观测步骤

（1）以盘左位置瞄准目标 A，读取度盘读数 $a_左$，顺时针转动照准部瞄准目标 B，读取度

（a）

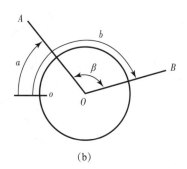

（b）

图 6-3 测回法

盘读数 $b_左$，计算上半测回角值 $\beta_左 = b_左 - a_左$，如图 6-3，数据记录见表 6-1；

（2）以盘右位置瞄准目标 B，读取度盘读数 $b_右$，逆时针转动照准部瞄准目标 A，读取度盘读数 $a_右$，计算下半测回角值 $\beta_右 = b_右 - a_右$；

（3）根据《工程测量规范》规定，当 $2C = \beta_左 - \beta_右 \leqslant \pm 20''$ 时，一测回角值 $\beta = (\beta_左 + \beta_右) \div 2$；

（4）若要观测多个测回，各测回间按 $180° / n$ 配置起始度盘值。

表 6-1　测回法观测水平角记录表

测站	目标	盘位	水平度盘读数	半测回角值	一测回角值	备注
			° ′ ″	° ′ ″	° ′ ″	
O	A	左	0 20 48	125 14 12	125 14 15	
	B		125 35 00			
	A	右	180 21 24	125 14 18		
	B		305 35 42			

（二）方向观测法（全圆测回法）

1. 适用范围

在一个测站上，观测三个及以上方向构成数个水平角时，用方向观测法观测（三个方向不归零）。

2. 观测步骤

（1）上半测回（盘左）

① 选择距离适中的 A 目标为起始方向（称为零方向），瞄准 A 目标，读取水平度盘读数（见图 6-4）；

② 由零方向 A 起始，按顺时针依次精确瞄准各点读数，即 $A \to B \to C \to D \to A$（即所谓"全圆"），并记入方向观测法记录表 6-2 中。

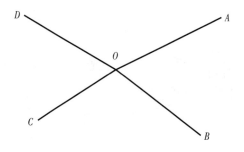

图 6-4　方向观测法

（2）下半测回（盘右）

① 纵转望远镜180°，使仪器为盘右位置；

② 按逆时针顺序依次精确瞄准各点读数，即 $A \to D \to C \to B \to A$ ，将读数记入方向观测法记录表6-2中。

表6-2　方向观测法记录表

测回数	测站	目标	水平度盘读数		2C	平均方向值	归零方向值	各测回归零方向值之平均值
			盘左	盘右				
			° ′ ″	° ′ ″	″	° ′ ″	° ′ ″	° ′ ″
1	O	A	00 02 06	180 02 00	+6	（00 02 06） 00 02 03	0 00 00	
		B	51 15 42	231 15 30	12	51 15 36	51 13 30	
		C	131 54 12	311 54 00	12	13 154 06	131 52 00	
		D	182 02 24	02 02 24	0	182 02 24	182 00 18	
		A	00 02 12	180 02 06	+6	00 02 09		
2		A	90 03 30	270 03 24	+6	（90 03 32） 90 03 27	0 00 00	0 00 00
		B	141 17 00	321 16 54	+6	141 16 57	51 13 25	51 13 28
		C	221 55 42	41 55 30	+12	221 55 36	131 52 04	131 52 02
		D	272 04 00	92 03 54	+6	272 03 57	182 00 25	182 00 22
		A	90 03 36	270 03 36	0	90 03 36		

注：上半测回应从上向下记录；下半测回应从下向上记录。

3. 计算方法与步骤

各计算量的限差要求见表6-3。

（1）半测回归零差的计算

每半测回零方向有两个读数，它们的差值称为归零差。

如盘左 A 方向归零差 $= 00°02′06″ - 00°02′12″ = -06″$

（2）计算2C值

$$2C = 盘左读数 - （盘右读数 \pm 180°）$$

如 B 方向2C值 $= 51°15′42″ - （231°15′30″ - 180°） = 12″$

（3）计算一个测回各方向的平均读数

平均方向值 $= [盘左读数 + （盘右读数 \pm 180°）]/2$

如 B 方向平均读数 $= [51°15′42″ + （231°15′30″ - 180°）]/2 = 51°15′36″$

（4）计算零方向平均值

如 A 方向的平均值 $= （00°02′03″ + 00°02′09″）/2 = 00°02′06″$

（5）计算归零后方向值

将各方向平均值分别减去零方向平均值，即得各方向归零方向值。

如 B 点归零方向值 $= 51°15'36'' - 00°02'06'' = 51°15'30''$

（6）各测回归零后平均方向值的计算

如 B 点两测回归零后平均方向值 $= （51°15'30'' + 51°15'25''）/ 2 = 51°15'28''$

表6-3　方向观测法的限差

仪器型号	半测回归零差	各测回同方向 2c 值	各测回同方向归零方向值互差
DJ$_2$	8″	13″	10″
DJ$_6$	18″	—	24″

三、竖直角观测方法

竖直度盘垂直固定在望远镜旋转轴的一端，随望远镜的转动而转动。竖直度盘的刻画与水平度盘基本相同。

（一）盘左位置

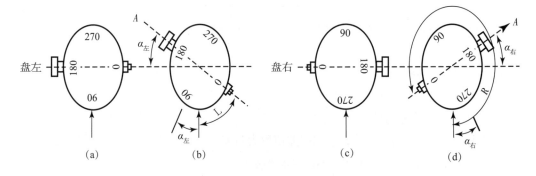

图8-5　竖直度盘

（1）瞄准目标，用望远镜微动螺旋使望远镜十字丝中丝的单丝精确切准目标；

（2）使指标水准管气泡居中，若用自动补偿归零装置，则应把自动补偿器功能开关或旋钮置于"ON"位置；

（3）读取目标 B 竖直度盘读数 L，并记入记录表格，运用竖直角计算公式计算出竖直角。

盘左：　$a_左 = 90° - L$　（竖盘顺时针注记）

　　　　$a_左 = L - 90°$　（竖盘逆时针注记）

（二）盘右位置

（1）纵转望远镜，以盘右位置用十字丝中丝的单丝精确切准目标 B，读取读数 R。

（2）运用竖直角计算公式计算出竖直角。

盘右：$a_右 = R - 270°$ （竖盘顺时针注记）

$\qquad a_右 = 270° - R$ （竖盘逆时针注记）

盘左、盘右构成一测回竖直角观测。

（三）计算平均值

取上下半测回角值作为一测回竖直角值，$a = (a_左 + a_右)/2$。

（四）竖盘指标差

竖盘读数与理论读数的差值 x，称为竖直指标差。指标差的计算公式：$x = \dfrac{1}{2}(R + L - 360°)$

表 6-4　竖直角观测记录表

测站	测点	盘位	竖盘读数	竖直角	平均角值	备注
			° ′ ″	° ′ ″	° ′ ″	
A	B	左	79 04 10	10 55 50	10 55 40	
		右	280 55 30	10 55 30		

全站仪的认识及角度测量

全站仪作为光电技术的产物，智能化的测量产品，是目前各工程单位进行测量和放样的主要仪器，它的应用使测量人员从繁重的测量工作中解脱出来。电子全站仪是由光电测距仪、电子经纬仪和数据处理系统组合而成的测量仪器，可以在一个测站上完成角度（水平角、竖直角）测量、距离（斜距、平距、高差）测量、坐标测量和放样测量等工作。由于只要一次安置仪器，便可以完成该测站上的所有的测量工作，故被称为全站型电子速测仪，简称"全站仪"。

一、全站仪的构造

全站仪主要由测量部分（测角部分、测距部分）、中央处理单元、输入、输出以及电源等部分组成。

（1）测角部分相当于电子经纬仪，可以测定水平角、竖直角和设置方位角。

（2）测距部分相当于光电测距仪，一般采用红外光源，测定至目标点（设置反光镜或反光片）的斜距，并可归算为平距及高差。

（3）中央处理单元接受输入指令，分配各种观测作业，进行测量数据的运算，如多测回取平均值、观测值的各种改正、极坐标法或交会法的坐标计算功能更为完备的各种软件，在全站仪的数字计算机中还提供有程序存储器。

现以南方全站仪 NTS340 系列为例说明全站仪的构造（见图 7-1、图 7-2）。

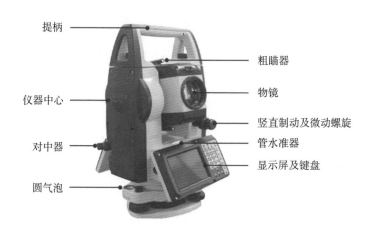

提柄
粗瞄器
物镜
仪器中心
竖直制动及微动螺旋
对中器
管水准器
显示屏及键盘
圆气泡

图 7-1 全站仪各部件名称

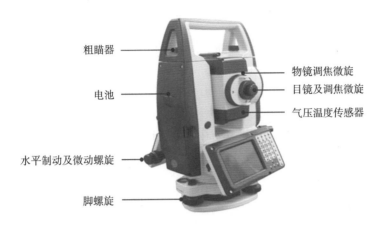

粗瞄器
电池
水平制动及微动螺旋
脚螺旋
物镜调焦微旋
目镜及调焦微旋
气压温度传感器

图7-2 全站仪各部件名称

二、全站仪的辅助设备

全站仪要完成预定的测量工作,须借助于辅助设备。全站仪的辅助设备通常有:三脚架、反射棱镜或反射片、垂球、管式罗盘、数据通讯电缆、电池以及充电器等。全站仪在进行测量距离等作业时,须在目标处放置反射棱镜。反射棱镜有单(叁)棱镜组,可通过基座连接器将棱镜组连接在基座上安置到三脚架上,也可直接安置在对中杆上。棱镜组由用户根据作业需要自行配置。(见图7-3)

a.单棱镜组　　　　　　b.叁棱镜组　　　　　c.支撑对中棱镜杆

图7-3 辅助设备

三、全站仪的使用方法

(一)仪器开箱和存放

1. 开箱

轻轻地放下箱子,让其盖朝上,打开箱子的锁栓,开箱盖,取出仪器。

2. 存放

盖好望远镜镜盖，使照准部的垂直制动手轮和基座的圆水准器朝上将仪器平卧放入箱中，轻轻旋紧垂直制动手轮，盖好箱盖并关上锁栓。

（二）安置仪器

将仪器安装在三脚架上，精确整平和对中，以保证测量成果的精度，应使用专用的中心连接螺旋的三脚架。

1. 利用垂球对中与整平

（1）安置三脚架

① 首先将三脚架打开，使三脚架的三条架腿近似等距，并使顶面近似水平，拧紧三个固定螺旋；

② 使三脚架的中心与测点近似位于同一铅垂线上；

③ 踏紧三脚架使之牢固地支撑于地面上。

（2）将仪器安置到三脚架上

将仪器小心地安置到三脚架上，松开中心连接螺旋，在架头上轻移仪器，直到锤球对准测站点标志中心，然后轻轻拧紧连接螺旋。

（3）利用圆水准器粗平仪器

① 旋转两个脚螺旋 A、B，使圆水准器气泡移到与上述两个脚螺旋中心连线相垂直的一条直线上；

②旋转脚螺旋 C，使圆水准器气泡居中。

（4）利用长水准器精平仪器

松开水平制动螺旋、转动仪器使管水准器平行于某一对脚螺旋①、②的连线。再旋转脚螺旋①、②，使管水准器气泡居中。将仪器绕竖轴旋转 90°，再旋转另一个脚螺旋③，使管水准器气泡居中。再次旋转 90°，重复以上步骤，直至四个位置上气泡居中为止。（见图 7-4）

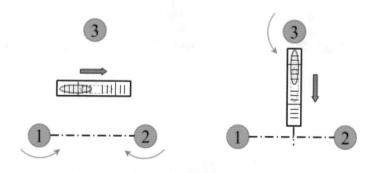

图 7-4 调节管水准器

2. 利用光学对中器对中

（1）架设三脚架

将三脚架伸到适当高度，确保三条架腿等长、打开，并使三脚架顶面近似水平，且位于测站点的正上方。将三脚架腿支撑在地面上，使其中一条架腿固定。

（2）安置仪器和对点

将仪器小心的安置到三脚架上，拧紧中心连接螺旋，调整光学对点器，使十字丝成像清晰。双手握住另外两条未固定的架腿，通过对光学对点器的观察调节该两条架腿的位置。对光学对点器大致对准侧站点时，使三脚架三架条腿均固定在地面上。调节全站仪的三个脚螺旋，使光学对点器精确对准侧站点。

（3）利用圆水准器粗平仪器

调整三脚架三条架腿的高度，使全站仪圆水准气泡居中。

（4）利用管水准器精平仪器

① 松开水平制动螺旋，转动仪器，使管水准器平行于某一对角螺旋 A、B 的连线。通过旋转角螺旋 A、B，使管水准气泡居中。

② 将仪器旋转 $90°$，使其垂直于角螺旋 A、B 的连线。旋转角螺旋 C，使管水准气泡居中。

（5）精确对中与整平

通过对光学对点器的观察，轻微松开中心连接螺旋，平移仪器（不可旋转仪器），使仪器精确对准侧站点。再拧紧中心连接螺旋，再次精平仪器。重复此项操作到仪器精确整平对中为止。

3. 利用激光对点器对中

（1）架设三脚架

将三脚架伸到适当高度，确保三条架腿等长、打开，并使三脚架顶面近似水平，且位于测站点的正上方。将三脚架腿支撑在地面上，使其中一条架腿固定。

（2）安置仪器和对点

将仪器小心的安置到三脚架上，拧紧中心连接螺旋，打开激光对点。双手握住另外两条未固定的架腿，通过对激光对点器光斑的观察调节该两条架腿的位置。当激光对点器光斑大致对准侧站点时，使三脚架三条架腿均固定在地面上。调节全站仪的三个脚螺旋，使激光对点器光斑精确对准测站点。

（3）利用圆水准器粗平仪器

调整三脚架三条架腿的高度，使全站仪圆水准气泡居中。

（4）利用管水准器精平仪器

① 松开水平制动螺旋，转动仪器，使管水准器平行于某一对角螺旋 A、B 的连线。通过旋转角螺旋 A、B，使管水准气泡居中。

② 将仪器旋转 $90°$，使其垂直于角螺旋 A、B 的连线。旋转角螺旋 C，使管水准气泡居中。

（5）精确对中与整平

通过对激光对点器光斑的观察，轻微松开中心连接螺旋，平移仪器（不可旋转仪器），使仪器精确对准侧站点。再拧紧中心连接螺旋，再次精平仪器。重复此项操作到仪器精确整平对中为止。

（6）按 ESC 键退出，激光对点器自动关闭。

> 注：也可使用电子气泡代替上面的利用管水准器精平仪器部分，超出 $±4'$ 范围会自动 进入电子水泡界面。

①水准气泡图，可以查看和设置双轴补偿的当前状态；

②X：显示 X 方向的补偿值；

③Y：显示 Y 方向的补偿值；

④[补偿 – 关]：关闭双轴补偿，点击可以进入到 [补偿 –X]；

⑤[补偿 –X]：打开 X 方向补偿，点击进入到 [补偿 –XY]；

⑥[补偿 –XY]：打开 XY 方向的补偿，点击将进入到 [补偿 – 关]。

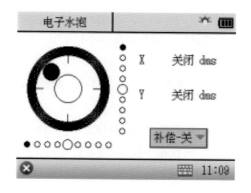

图 7 – 5　电子水泡

（三）电池的装卸、信息和充电

1. 电池装卸

（1）安装电池——把电池放入仪器盖板的电池槽中，用力推电池，使其卡入仪器中。

（2）电池取出——按住电池左右两边的按扭往外拔，取出电池。

2. 电池信息

当电池电量少于一格时，表示电池电量已经不多，请尽快结束操作，更换电池并充电。

（四）望远镜目镜调整和目标照准

（1）将望远镜对准明亮天空，旋转目镜筒，调焦看清十字丝（先朝自己方向旋转目镜筒再慢慢旋进调焦清楚十字丝）；

（2）利用粗瞄准器内的三角形标志的顶尖瞄准目标点，照准对眼睛与瞄准器之间应保留有一定距离；

（3）利用望远镜调焦螺旋使目标成像清晰，当眼睛在目镜端上下或左右移动发现有视差时，说明调焦或目镜屈光度未调好，这将影响观测的精度，应仔细调焦并调节目镜筒消除视差。

（五）打开和关闭电源

（1）确认仪器已经对中整平。

（2）打开电源开关（POWER 键）确认显示窗中有足够的电池电量，当显示"电池电量不足"（电池用完）时，应及时更换电池或对电池进行充电。

（3）对比度调节：仪器开机时应确认棱镜常数值（PSM）和大气改正值（PPM），并可调节显示屏对比度为显示该调节屏幕。通过按F1（↓）或F2（↑）键可调节对比度，为了在关机后保存设置值，可按F4（回车）键。

图7-6 操作键和信息显示

（六）键盘功能与信息显示

1. 操作键

按键	功能
α	输入字符时，在大小写输入之间进行切换
▣	打开软键盘
★	打开和关闭快捷功能菜单
⏻	电源开关，短按切换不同标签页，长按开关电源
Func	功能键
Ctrl	控制键
Alt	替换键
Del	删除键
Tab	使屏幕的焦点在不同的控件之间切换
B.S	退格键
Shift	在输入字符和数字之间进行切换
S.P	空格键
ESC	退出键
ENT	确认键
▲▼◀▶	在不同的控件之间进行跳转或者移动光标
0-9	输入数字和字母
—	输入负号或者其它字母
.	输入小数点
测量键	在特定界面下触发测量功能（此键在仪器侧面）

2. 显示符号意义

显示符号	内　容
V	垂直角
V%	垂直角（坡度显示）
HR	水平角（右角）
HL	水平角（左角）
HD	水平距离
VD	高差
SD	斜距
N	北向坐标
E	东向坐标
Z	高程
m	以米为距离单位
ft	以英尺为距离单位
dms	以度分秒为角度单位
gon	以哥恩为角度单位
mil	以密为角度单位
PSM	棱镜常数（以 mm 为单位）
PPM	大气改正值
PT	点名

3. 角度的显示和输入

除了在常规测量界面下，其它的度数显示格式为° ′ ″ （度、分、秒）。

例如：12.2345 为：12° 23′ 45″。当需要输入角度时，输入的格式同上。

4. 基本操作

常用基础功能图标

🔋 显示电池电量，点击进入电源、背光及声音相关设置；

⭐ 快捷方式，点击可以快速的进行一些常用的设置和操作；

⌨ 打开或关闭软键盘；

19:42 显示当前的时间和日期，点击可以进入时间和日期的设置；

ℹ 点击显示仪器信息；

✓ 保存当前的页面所做的修改并退回到上一个页面；

✗ 不保存当前页面的修改并退回到上一个页面。

距离测量和直线定向

单元 8

距离测量和直线定向

　　水平距离是确定地面点位置的基本要素之一，水平距离测量也是一项基本的测量工作。水平距离指地面上两点的连线，沿铅垂方向投影在水平面上的长度。测量距离的主要方法有钢尺量距、全站仪测距、视距测量。全站仪测距主要用于控制测量和精度要求较高的施工测量，视距测量主要用于地形测量，本单元介绍钢尺量距。

一、地面上点的标志

　　在工程测量中，为了完成勘测、施工等方面的任务，要在地面上布设一些固定点，这些点的位置选择好后，要用明显而精确的标志标定出来。点的位置要求稳固，在一定时间内不能变动。

　　根据地面情况和测量要求以及使用期限的长短，点的标志可分为临时性和永久性两种。临时性标志可采用木桩打入地中，桩顶略高于地面，并在桩顶钉一小钉或画一个十字表示点的位置，如图 8-1（a）所示。永久性标志可用石桩或混凝土桩，在石桩顶刻十字或在混凝土桩顶埋入刻有十字的钢柱以表示点位，如图 8-1（b）所示。

　　为了能明显的看到远处目标，可在桩顶的点位上竖立标杆，标杆的顶端系一红白小旗，标杆也可用标杆架或拉绳将标杆竖立在点上，如图 8-2 所示。

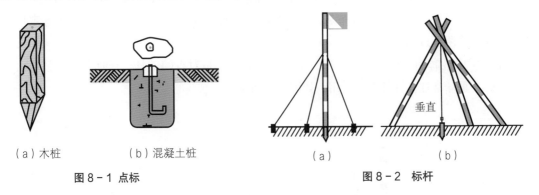

（a）木桩　　　　　　（b）混凝土桩　　　　　　　　（a）　　　　　　　（b）

图 8-1　点标　　　　　　　　　　　　　　　图 8-2　标杆

二、钢尺量距的方法

（一）量距工具

　　通常使用的量距工具为钢尺、皮尺、测钎、标杆和垂球等。

　　钢尺由薄钢带制成，宽 1~1.5mm，有手柄式和皮盒式两种，如图 8-3（a）所示。长度有 20m、30m、50m 等几种。尺的最小刻画为 1mm。按尺的零点位置可分为端点尺和刻线尺两

（a）钢尺

（b）皮尺

图 8-3 皮尺

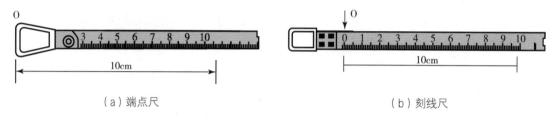

（a）端点尺 （b）刻线尺

图 8-4 钢尺

种。端点尺的零点位置是从尺的端点开始，如图 8-4（a）所示。端点尺适用于从建筑物墙边开始丈量。刻线尺的零端是从尺上刻的一条横线作为标志，如图 8-4（b）所示。使用钢尺时必须注意钢尺的零点位置，以免发生错误。

皮尺如图 8-3（b）示，皮尺也可分为为端点尺和刻线尺。由于皮尺在拉力作用下伸缩变形较大，适用于精度要求不高的距离丈量。

标杆又称花杆，长为 2m 或 3m，直径为 3~4cm，用木杆或玻璃钢管或空心钢管制成，杆上按 20cm 间隔涂上红白漆，杆底为锥形铁脚，用于显示目标和直线定线，如图 8-5(a)所示。

测钎用粗铁丝制成，如图 8-5（b）所示。长为 30cm 或 40cm，上部弯一个小圈，可套入环内，小圈上可系一条醒目的红布条，一般测钎 6 根或 11 根一组。在丈量时用它来标定尺端点位置和计算所量过的整尺段数。

垂球是由金属制成的，似圆锥形，上端系有细线，是对点的工具。有时为了克服地面起伏的障碍，垂球常挂在标杆架上使用，如图 8-2 所示。

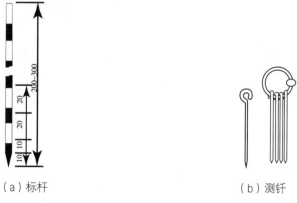

（a）标杆 （b）测钎

图 8-5 标杆与测钎

（二）直线定线

当两点的水平距离较长或地势起伏较大时，为了保证测出的水平距离是两点之间的直线距离而不是折线距离，则需在直线上定出若干个点，将直线分成几段进行丈量，这一工作称为直线定线。当丈量精度要求不高时，可用目估法定线，当精度要求较高时，则要用经纬仪定线。

1. 两点间通视的定线

如图8-6所示，设A、B为直线的两端点并相互通视，需要在A、B之间标定①、②等点，使其在AB直线上，而且要求相邻点之间的距离要小于一钢尺整尺长。

目估定线的方法是：先在A、B点上竖立标杆，观测者站在A点后1~2m处，由A端瞄向B点，使单眼的视线与标杆边缘相切，以手势指挥①点上的持标杆者左右移动，直至A、①、B三点在一条直线上，然后将测钎竖直地插在①点上。用同样的力法进行标定②点，最后把①、②点都标定在直线A、B上。

经纬仪定线，则是在A点安置仪器，瞄准B点，固定照准部，指挥标杆或测钎立在视线方向上。

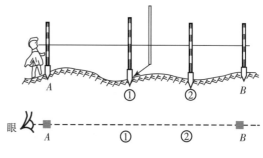

图8-6 通视两点定线

2. 两点间互不通视的定线

如图8-7所示，设AB两点在山头两侧，互不通视。定线时，甲持标杆选择靠近AB方向的$①_1$点立标杆，$①_1$点要靠近A点并能看见B点。甲指挥乙将所持标杆定在$①_1B$直线上，标定出$②_1$点位置，要求$②_1$点靠近B点，并能看见A点。然后由乙指挥甲把标杆移动到$②_1A$直线上，定出$①_2$点。这样互相指挥，逐渐趋近，直到①点在$A②$直线上，②点在$①B$直线上为止。这时①、②两点就在A、B直线上了。

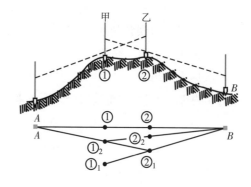

图8-7 不通视两点定线

（三）钢尺量距的方法及精度要求

1. 一般钢尺量距

1）在平坦地面上丈量

要丈量平坦地面上A、B两点间的距离，其做法是，先在标定好的A、B两点立标杆，进行直线定线，如图8-8（a）所示，然后进行丈量。丈量时后尺手拿尺的零端，前尺手拿尺的末端，两尺手蹲下，后尺手把零点对准A点，喊"预备"，前尺手把尺边紧靠定线标志钎，两人同时拉紧尺子，当尺拉稳并水平后，后尺手喊"好"，前尺手对准尺的终点刻画将一测钎竖直插在地面上，如图8-8（b）所示，完成第一尺段测量工作。

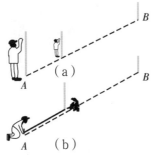
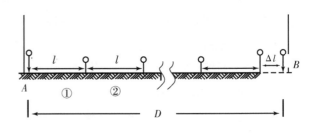

图 8-8 平坦地面距离丈量　　　　　图 8-9 距离丈量计算图

用同样的方法，继续向前量第二、第三……第 n 尺段。量完每一尺段时，后尺手必须将插在地面上的测钎拔出收好，用来计算量过的整尺段数。最后不足一整尺段的距离称为零尺长段，量出零尺段长度 l，如图 8-9 所示。

上述过程称为往测，往测的距离用下式计算：

$$D = nl + \Delta l$$

式中：l——整尺段的长度；

$\quad\quad\ n$——丈量的整尺段数；

$\quad\quad\ \Delta l$——零尺段长度。

为了避免错误和判断丈量结果的可靠性，并提高丈量精度，距离丈量要求往返丈量。返测时，调转尺头用往测的方法，由 B 至 A 进行丈量，然后计算出返测的距离。一般往返各丈量一次称为一测回。最后用往返丈量的较差 D 与平均距离 D 平之比来衡量它的精度，此比值用分子为 1，分母为一整数的分数形式来表示，称为相对误差 K，即：

$$\Delta D = D_{往} - D_{返}$$

$$D_{平} = (D_{往} + D_{返})/2$$

$$K = \frac{\Delta D}{D_{平}} = \frac{1}{D_{平}/|\Delta D|} = \frac{1}{N} \quad (N \text{ 为整数})$$

若相对误差在规定的允许限度内，即 $K \le K_{容}$，可取往返丈量的平均值作为丈量成果。若超限，则应重新丈量直到符合要求为止。

铁路测量中，导线精度要求：$K_{容} = \dfrac{1}{2000}$；基线精度要求：$K_{容} = \dfrac{1}{3000}$。

量距记录表见表 8-1。

【例 8-1】用钢尺丈量两点间的直线距离，往量距离为 217.30m，返量距离为 217.38m，根据规范要求 $K_{允} = 1/2000$。试问：（1）所丈量成果是否满足精度要求？（2）按此规定，若丈量 100m 的距离，往返丈量的较差最大可允许相差为多少？

解：由题意知：

$$D_{平} = \frac{1}{2}(D_{往} + D_{返}) = 217.34 \text{（m）}$$

$$\Delta D = D_{往} - D_{返} = 0.08 \text{（m）}$$

$$K = \frac{1}{D_{平}/|\Delta D|} = \frac{1}{217.34/|-0.08|} = \frac{1}{2700}$$

$K < K_容$，丈量成果满足精度要求。

$K = \dfrac{\Delta D}{D_平}$ 则 $|\Delta D| = K \times D_平 = \dfrac{1}{2000} \times 100 = 0.05$（m）

即，往返丈量的较差最大可相差 50 mm。

表 8-1　量距记录表

工程名称：×－×　　　　　　日期：2019.10.09　　　　　量距：×××
钢尺型号：5#（30m）　　　　天气：晴天　　　　　　　　记录：×××

测线		整尺段	零尺段	总计	较差	精度	平均值	备注
AB	往	5×30	13.863	163.863	0.068	1/2400	163.829	要求 1/2000
	返	5×30	13.793	163.793				

2）在倾斜地面上丈量

当地面稍有倾斜时，可把尺一端稍许抬高，安排一个测量员到钢尺中部，目测指挥，使钢尺水平，丈量第一尺段，依次进行，完成距离丈量，如图 8-10（a）所示。分段量取水平距离，最后计算总长。

若地面倾斜较大，则使尺子一端靠高地点桩顶，对准零点位置，在合适位置悬挂垂球，垂球线紧靠尺子的某分划并保持垂球静止，将尺拉紧且保持水平，在地面上标定垂球所定位置，前尺手听到"好"，即掐住垂球线所指钢尺位置，然后用所掐钢尺位置对准垂球在地面所标定点位继续丈量，完成第一尺段丈量。同理，依次丈量其它尺段，直至完成 AB 段距离丈量工作，如图 8-10（b）所示。

在倾斜地面上丈量，仍需往返进行，按照平坦地面的要求进行取值。

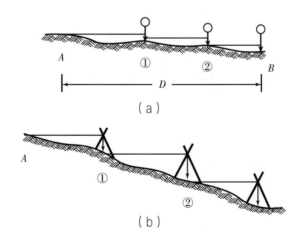

图 8-10　倾斜地面距离的丈量

2. 精密量距

丈量精度要求高时，钢尺需要经过检定，具有检定后的尺长方程式，对测量结果进行修正，以提高精度。

1）尺长方程式

钢尺尺面上的分划标注长度，称为钢尺的名义长度。由于钢尺在生产时有误差，而且在使用时受到温度等外界环境的影响以及在不同的拉力下使用，导致钢尺的实际长度与名义长度并不相等。因此，钢尺的实际长度要用尺长方程式来表示。

钢尺尺长方程式的一般形式为：

$$l_t = l_0 + \Delta l + \alpha \cdot l_0 (t - t_0)$$

式中：l_t——钢尺在温度时的实际长度；

$\quad l_0$——钢尺的名义长度

$\quad \Delta l$——在标准温度时的尺长改正数，一般为 20°C；

$\quad t$——丈量时的温度；

$\quad \alpha$——钢尺的线膨胀系数，一般可采用 1.25×10^{-5} / °C。

2）丈量前的准备工作

丈量前先沿丈量方向清理场地，然后用经纬仪定线，并在直线上定出若干个点，并打木桩表示点位，最后用水准仪测出相邻两木桩顶之间的高差，以便进行倾斜改正。

3）精密丈量的方法

用钢尺作精密丈量时，一般需要 5 人，两人拉尺，两人读尺，一人记录并测温度。用经纬仪定线并打桩定点。丈量时，用钢尺直接丈量桩点距离，并在钢尺零端挂弹簧秤，保证丈量时使用标准拉力（30m 钢尺为 98N）。每一尺段应丈量三次，每次在丈量方向上移动钢尺若干厘米，以消除钢尺刻划误差。用水准仪测量各尺段桩点高差，进行高差改正。

4）精密丈量的成果处理

精密丈量的成果，必须根据所用钢尺的尺长方程式，进行尺长改正、温度改正和倾斜改正，最后得出水平距离。

① 尺长改正

$$\Delta l_d = \frac{\Delta l}{l_0} \cdot l$$

式中：Δl - 标准温度下的尺长改正数，即钢尺标称的实际长度减名义长度；

$\quad l$ - 丈量尺段的长度；

$\quad l_0$ - 钢尺标称名义长度。

② 温度改正

$$\Delta l_t = \alpha \cdot l \cdot t - t_0$$

③ 倾斜改正

$$\Delta l_h = -\frac{h^2}{2l}$$

式中：h - 尺段两端的高差。

改正后尺段长即为该尺段的水平距离，即：

$$d = l + \Delta l_d + \Delta l_t + \Delta l_h$$

最后将各尺段的水平距离求和即为两点的水平距离。

（三）距离丈量的注意事项

1. 影响量距成果的主要因素

1）对点和投点不准

丈量时用测钎在地面上标志尺端点位置，若前、后尺手配合不好，插钎不直，很容易造成3~5mm误差。如在倾斜地区丈量，用垂球投点，误差可能更大。在丈量中应尽力做到对点准确，配合协调，尺要拉平，测钎应直立，投点要准。

2）尺身不平

3）定线不直

定线不直使丈量沿折线进行，如图8-12中的虚线位置，其影响和尺身不水平的误差一样，在起伏较大的山区或直线较长或精度要求较高时应用经纬仪定线。

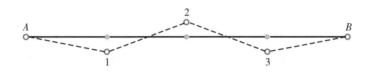

图8-12　定线不直导致的折线丈量

4）拉力不均

钢尺的标准拉力多是98N，故一般丈量中只要保持拉力均匀即可。

5）丈量中常出现的错误

主要有认错尺的零点和注字，例如6误认为9；记错整尺段数；读数时，由于精力集中于小数而对分米、米有所疏忽，把数字读错或读颠倒；记录员听错、记错等。为防止错误就要认真校核，提高操作水平，加强工作责任心。

2. 注意事项

（1）丈量距离会遇到地面平坦、起伏或倾斜等各种不同的地形情况，但不论何种情况，丈量距离有三个基本要求："直、平、准"。直，就是要量两点间的直线长度，不是折线或曲线长度，为此定线要直，尺要拉直；平，就是要量两点间的水平距离，要求尺身水平，如果量取斜距也要改算成水平距离；准，就是对点、投点、计算要准，丈量结果不能有错误，并符合精度要求。

（2）丈量时，前后尺手要配合好，尺身要置水平，尺要拉紧，用力要均匀，投点要稳，对点要准，尺稳定时再读数。

（3）钢尺在拉出和收卷时，要避免钢尺打卷。在丈量时，不要在地上拖拉钢尺，更不要扭折，防止行人踩和车压，以免折断。

（4）尺子用过后，要用软布擦干净后，涂以防锈油，再卷入盒中。

（三）直线定向

1. 直线定向

确定地面两点间平面位置的相对关系，不仅要已知直线的水平距离，并且要已知直线的方向，才能把它们的相对位置确定下来。测量工作中，确定地面点的位置时，还需要测定直线的方向，直线方向是根据某一标准方向来确定的。确定一条直线与标准方向的关系，称为直线定向。

2. 标准方向

测量工作中常用的标准方向有：真子午线方向、磁子午线方向、坐标纵线（轴）方向。

1）真子午线方向

通过地球表面某点的真子午线的切线方向，称为该点的真子午线方向。它可以用天文测量的方法测定，或用陀螺经纬仪测定。

2）磁子午线方向

通过地球表面某点的磁子午线的切线方向，称为该点的磁子午线方向。它可以用罗盘仪测定。

由于地球的两磁极与地球的南北极不重合，因此，地面上任一点的真子午线方向与磁子午线方向是不一致的，两者之间的夹角 δ 称为磁偏角，如图 8-13 所示。磁子午线北端在真子午线以东为东偏，δ 为"+"；以西为西偏，δ 为"–"。地球上不同地点的磁偏角也不同，我国磁偏角的变化大约在 +6°（西北地区）到 –10°（东北地区）之间。

由于地球磁极是在不断变化的，引起磁偏角也在变化，另外，罗盘仪还会受地磁场及磁暴、磁力异常的影响，所以，磁子午线不宜作精密定向标准。

3）坐标纵线（轴）方向

测量工作中常以通过测区坐标原点的坐标纵轴为准，测区内通过任一点与坐标纵轴平行的方向线，称为该点的坐标纵线方向。

我国采用高斯平面直角坐标系，每 6° 带或 3° 带内都以该带的中央子午线作为坐标纵轴，因此，该带内直线定向，就用该带的坐标纵轴方向作为标准方向。如果采用假定坐标系，则用假定的坐标纵轴作为标准方向。

真子午线方向与坐标纵线方向之间的夹角 γ 称为子午线收敛角。坐标纵线北端在真子午线以东为东偏，γ 为"+"；以西为西偏，γ 为"–"。由于测量距离相对于地球半径而言很小，γ 值也较小，当距离不大时，可不考虑。

3. 确定直线方向的方法

确定直线方向就是确定直线和基本方向之间的角度关系，有下面两种方法：

1）方位角

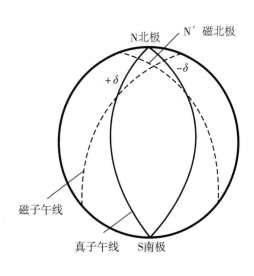

图 8-13　磁偏角

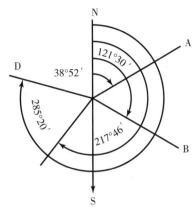

图 8-14　方位角

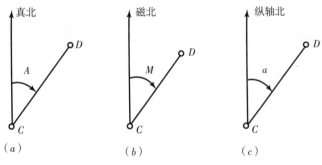

图 8-15　方位角的种类

由标准方向的北端，顺时针方向到该直线的水平夹角，称为该直线的方位角。方位角的角值为 0°～360°，如图 8-14 所示，直线 OB 的方位角为 121°30′。若标准方向为真子午线方向，则称为真方位角，用 A 表示；若标准方向为磁子午线方向，则称为磁方位角，用 A_m 表示；若标准方向为坐标纵线方向，则称为坐标方位角，用 α 表示，如图 8-15 所示。方位角除了用符号表示外，还应在符号的右下角注明直线名称，如 α_{OA}。

2）象限角

象限角是从标准方向的南端或北端起，顺时针或逆时针方向至直线的锐角，用 R 表示。象限角的角值由 0°～90°。象限角在角值前要注明其所在象限。象限角的象限以南或北为第一个字，以东或西为第二个字，如北东、北西、南东、南西。如图 8-16 所示，直线 OB 的象限角 R_{OB} 为北东 55°30′，直线 OC 的象限角 R_{OB} 为南东 45°20′。

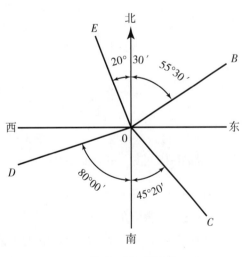

图 8-16　象限角

3）坐标方位角与象限角的换算关系

由图8-17可以看出坐标方位角与象限角的换算关系，如表8-2所示。

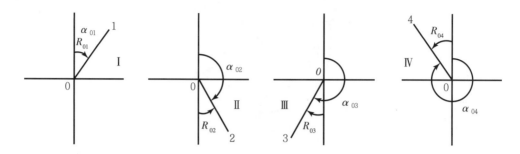

图 8-17 坐标方位角与象限角的关系

表 8-2   坐标方位角与象限角的换算关系表

直线方向	由坐标方位角 α 推算象限角 R	由象限角 R 推算坐标方位角 α
第 I 象限（北东）	$R=\alpha$	$\alpha=R$
第 II 象限（南东）	$R=180°-\alpha$	$\alpha=180°-R$
第 III 象限（南西）	$R=\alpha-180°$	$\alpha=180°+R$
第 IV 象限（北西）	$R=360°-\alpha$	$\alpha=360°-R$

4）正、反坐标方位角

测量工作中的直线都具有一定的方向，如图8-18所示，以1为起点、2为终点的直线12的坐标方位角 α_{12}，称为直线12的坐标方位角；直线21的坐标方位角 α_{21}，称为直线12的反坐标方位角。α_{12} 与 α_{21} 互为正、反坐标方位角。忽略子午线收敛角，正、反坐标方位角相差180°。

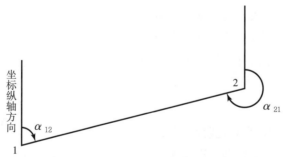

图 8-18 正、反坐标方位角

由图8-18可见，$\alpha_{21}=\alpha_{21}+180°$，$\alpha_{21}=\alpha_{21}-180°$。

即：$\alpha_{正}=\alpha_{反}\pm180°$

5）正、反象限角

由图8-19所示，R_{AB} 为直线 AB 的正象限角，R_{BA} 为直线 AB 的反象限角.

正反象限角之间的关系为：大小相等，象限相反。

6) 坐标正算

已知 $A(x_A, y_A)\ \alpha_{AB}$ 及 D_{AB}，求 B 点坐标 (x_B, y_B)

$$\Delta x_{AB} = D_{AB} \times \cos \alpha_{AB}$$

$$\Delta y_{AB} = D_{AB} \times \sin \alpha_{AB}$$

$$x_B = x_A + \Delta x_{AB}$$

$$y_B = y_A + \Delta y_{AB}$$

7) 坐标方位角的反算

已知 $A(x_A, y_A)\ B(x_B, y_B)$，求 α_{AB}。

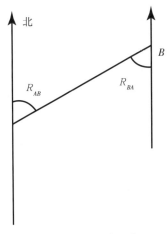

图 8 - 19 正、反象限角

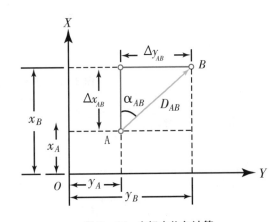

图 8 - 20 坐标方位角计算

$$R_{AB} = \arctan \frac{\Delta y_{AB}}{\Delta x_{AB}} = \arctan \frac{y_B - y_A}{x_B - x_A}$$

根据 Δx 和 Δy 的正负号，可得指向不同象限直线的坐标方位角。

$\Delta x > 0, \Delta y > 0$	第一象限	$\alpha_{AB} = R_{AB}$
$\Delta x < 0, \Delta y > 0$	第二象限	$\alpha_{AB} = 180° - R_{AB}$
$\Delta x < 0, \Delta y < 0$	第三象限	$\alpha_{AB} = 180° + R_{AB}$
$\Delta x > 0, \Delta y < 0$	第四象限	$\alpha_{AB} = 360° - R_{AB}$

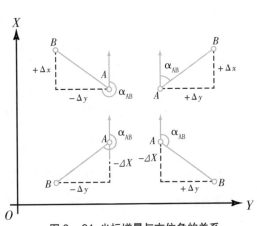

图 8 - 21 坐标增量与方位角的关系

8）坐标方位角的推算

为了整个测区坐标系统的统一，在测量实际工作中，每条直线的坐标方位角不是直接测定的，而是通过与已知边的连测，用与相邻边的水平夹角推算出的。

左角：若 β 角位于推算路线前进方向的左侧，称为左角；

右角：若 β 角位于推算路线前进方向的右侧，称为右角。

α_{12} 已知，通过连测求得12边与23边的连接角为 β_2（右角）23边与34边的连接角为 β_3（左角），现推算 α_{23}、α_{34}。

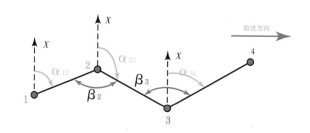

图8-22 坐标方位角推算几何关系图

由图中分析可知

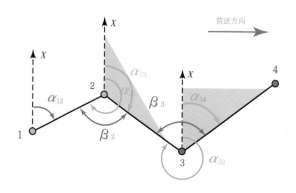

图8-23 坐标方位角的推算

$$\alpha_{23} = \alpha_{21} - \beta_2 = \alpha_{12} + 180° - \beta_2 \quad \alpha_{34} = \alpha_{32} + \beta_3 = \alpha_{23} + 180° + \beta_3$$

推算坐标方位角的通用公式：$\alpha_{前} = \alpha_{后} \mp 180° \pm \beta_{右}^{左}$

当 β 角为左角时，取"+"；若为右角时，取"–"。

注意：计算中，若 $\alpha_{前} > 360°$，减 $360°$；若 $\alpha_{前} < 0°$，加 $360°$。

导线测量外业

导线外业测量

通常，在建设区域地表，每隔一段距离埋设金属标志；测量各点形成的一部分距离和角度；根据已知点平面坐标及所测量的距离、角度，来计算未知点的平面坐标，以便于后期工程测量工作的开展。

一、踏勘选点、埋设标志

踏勘选点要求：点位应选在土质坚实、稳固可靠、便于保存的地方，视野应相对开阔；相邻点之间应通视良好。点与点间的距离，根据导线等级依《工程测量规范》来确定，见表 9-1。

表 9-1　导线测量的技术要求（导线长度）

等级	三等	四等	一级	二级	三级
导线长度 /km	14	9	4	2.4	1.2
平均边长 /km	3	1.5	0.5	0.25	0.1

埋设标志一般选取金属类型，为使标志埋设稳固，下部弯起成钩，如图 9-1 所示；顶部刻划一个细十字，如图 9-2 所示，十字中心即为标志的位置。

标志的埋设应符合规范规定的规格，如图 9-3 为一、二级导线点标石规格及埋设结构图，三级导线可自行设计。

图 9-1　金属标志

图 9-2　金属标志

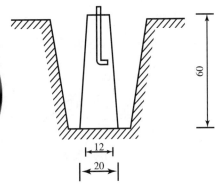

图 9-3　金属标志埋设

根据已知点和未知点的位置分布，常用的导线一般有以下两种形式。

（1）附合导线

给定附合导线4个已知点：B_{14}（637256.442，51763.288）、B_{15}（637316.843,51841.419）、B_{16}（637467.544，52205.201）、B_{17}（637563.615,52265.216），完成中间两个或更多未知点的选定和埋设，如图9-4，命名点名，做好点之记，如表9-2。

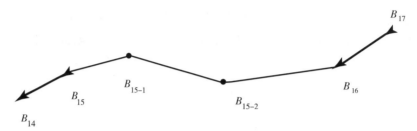

图9-4 附合导线

表9-2 导线点之记

点名	B_{15-1}	与周围地物关系图	
坐标	X：	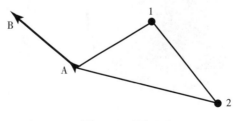	
	Y：		
所在地	DK38+510 右 42m		
点名	B_{15-2}	与周围地物关系图	
坐标	X：	略	
	Y：		
所在地	DK38+650 右 53m		

（2）闭合导线

给定闭合导线2个已知点，B（76254.377，58684.368），A（76150.263，58834.582），完成两个（或多个）未知点的选定和埋设，如图9-5，命名点名，做好点之记。

图9-5 闭合导线

二、全站仪外业测量

（一）明确所需测量的角度和距离

1. 附和导线水平角观测

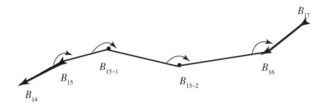

图9-6 导线左角

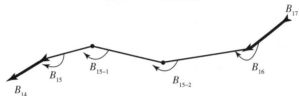

图9-7 导线右角

每相邻三点形成的水平角，即导线左角（图9-6），或导线右角（图9-7）；附和导线需要测量的距离为每相邻两点形成的线段。

2. 闭合导线水平角观测

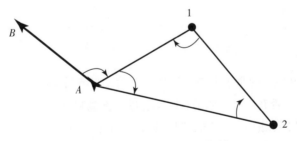

图9-8 闭合导线外业观测角

多边形各个内角、已知点与一个相邻点形成的角，如图9-8；闭合导线需要测量的距离为多边形各边长、已知两点形成的线段。

（二）测量角度和距离所需要的仪器工具

测量角度和距离由全站仪及棱镜配合完成。

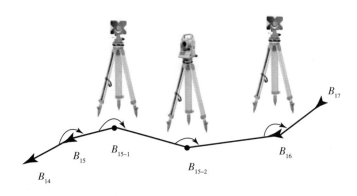

图 9-9 仪器安置

（三）一个测站测量的工作流程

以全站仪安置在 B_{15-2} 的测量工作为例，下面讲述一个测站的测量工作流程。

（1）在角的顶点安置全站仪，相邻两点安置棱镜，如图 9-9。

（2）测回法观测水平角及水平距离

全站仪开机，设置棱镜常数，进入常规角度测量模式下。

1）记录测站、盘位、目标，见表 9-3 第 1、2、3 列。

表 9-3　导线测量记录表

测站	盘位	目标	水平度盘读数 ° ′ ″	半测回角值 ° ′ ″	一测回平均值 ° ′ ″	水平距离 m
B_{15-2}	左	B_{15-1}	0 00 01	152 17 32	152 17 30	136.771
		B_{16}	152 17 33			162.682
	右	B_{16}	332 17 38	152 17 29		162.683
		B_{15-1}	180 00 09			136.771

2）盘左测量

① 大致瞄准目标 B_{15-1}，旋紧水平制动和竖直制动，观测目镜内，调清晰目标、调清晰十字丝，微动瞄准，检查是否有视差，如果有则反复进行物镜和目镜对光，消除视差后置零，记录 HR 读数 :0 00 01；测距，记录 HD:136.771，见表 9-3 第 1 行。

② 松开制动，顺时针转至目标 B_{16}，瞄准，记录 HR 读数 :152 17 33；测距，记录 HD:162.682，见表 9-3 第 2 行。

3）倒转望远镜，进行盘右测量

① 瞄准目标 B_{16}，记录 HR 读数 :332 17 38；测距，记录 HD:162.683，见表 9-3 第 3 行。

② 松开制动，逆时针转至目标 B15-1，瞄准，记录 HR 读数 :180 00 09；测距，记录 HD:136.771，见表 9-3 第 4 行。

4）完成计算

盘左半测回角值：$152°17'33'' - 0°00'01'' = 152°17'32''$，

盘右半测回角值：$332°17'38'' - 180°00'09'' = 152°17'39''$。

根据《工程测量规范》（GB50026—2007）规定，半测回值较差不大于18″，计算得平均值为 152°17′30.5″，取 152°17′30″。

表 9-4　水平角方向观测法的技术要求

等级	仪器精度等级	一测回内 $2C$ 互差
一级以下	2″ 级仪器	18″

所有水平角的观测应统一为左角或右角，即在每个点观测注意要统一首次观测目标，统一前方置零为右角，统一后方置零为左角。

表 9-5　导线测量记录表

日期：2020 年 3 月 19 日　　天气：阴　观测：×××　　记录：×××　　复核：×××

测站	盘位	目标	水平度盘读数 ° ′ ″	半测回角值 ° ′ ″	一测回平均值 ° ′ ″	水平距离 m
B_{15}	左	B_{14}	0 00 01	191 13 25	191 13 23	98.756
		B_{15-1}	191 13 26			103.284
	右	B_{15-1}	11 13 33	191 13 21		103.284
		B_{14}	180 00 12			98.755
B_{15-1}	左	B_{15}	0 00 00	200 27 54	200 27 52	103.287
		B_{15-2}	200 27 54			136.774
	右	B_{15-2}	20 27 52	200 27 49		136.774
		B_{15}	180 00 03			103.286
B_{15-2}	左	B_{15-1}	0 00 01	152 17 32	152 17 30	136.771
		B_{16}	152 17 33			162.682
	右	B_{16}	332 17 38	152 17 29		162.683
		B_{15-1}	180 00 09			136.771
B_{16}	左	B_{15-2}	359 59 59	155 43 12	155 43 13	162.684
		B_{17}	155 43 11			113.277
	右	B_{17}	335 43 17	155 43 14		113.278
		B_{15-2}	180 00 03			162.684

导线内业计算

一、附合导线内业计算

【例 10-1】附和导线外业观测数据见表 10-5，已知 B_{14}（637256.442，51763.288）、B_{15}（637316.843，51841.419）、B_{16}（637467.544，52205.201）、B_{17}（637563.615，52265.216），完成 B_{15-1}、B_{15-2} 的坐标计算。

（一）数据整理

将已知条件和测量数据整理到导线内业计算表 10-1。

表 10-1　导线内业计算表

1	2	3	4	5	6	7		8		9	
点号	观测角	改正数	改正后角	坐标方位角	距离	坐标增量		改正后坐标增量		坐标	
						Δx	Δy	$\Delta x'$	$\Delta y'$	x	y
	° ′ ″	″	° ′ ″	° ′ ″	m	m	m	m	m	m	m
B_{14}										637256.442	51763.288
B_{15}	191 13 23									637316.843	51841.419
					103.285						
B_{15-1}	200 27 52										
					136.772						
B_{15-2}	152 17 30										
					162.683						
B_{16}	155 43 13									637467.544	52205.201
B_{17}										637563.624	52265.200
Σ											

（二）计算已知边坐标方位角

1. 方法一

①计算象限角：$R = \tan^{-1}(|\Delta y| \div |\Delta x|)$

②判断象限：

> Δx 为 +，Δy 为 +，指向第一象限；
>
> Δx 为 −，Δy 为 +，指向第二象限。

Δx 为 $-$，Δy 为 $-$，指向第三象限；

Δx 为 $+$，Δy 为 $-$，指向第四象限。

③转化为方位角：

第一象限：$\alpha = R$

第二象限：$\alpha = 180° - R$

第三象限：$\alpha = 180° + R$

第四象限：$\alpha = 360° - R$

计算 $B_{14} - B_{15}$ 的坐标方位角

$\Delta x = 637316.843 - 637256.442 = +60.401$

$\Delta y = 51841.419 - 51763.288 = +78.131$

$R = \tan^{-1}(78.131 \div 60.401) = 52°17'36''$

Δx 为 $+$，Δy 为 $+$，指向第一象限：$\alpha = R = 52°17'36''$

填入表格 10-2 第 5 列。

2. 方法二

在计算器上运行程序 Pol $(x_{终点} - x_{起点}, y_{终点} - y_{起点})$

依次按 "=" 、 "RCL" 、 "tan" 、 " ° ′ ″ "

显示值即为坐标方位角，若显示为负值，则加上 360°

计算 $B_{16} - B_{17}$ 的坐标方位角

输入：Pol（637563.624 - 637467.544,52265.200 - 52205.201）

依次按 "=" 键、"RCL" 键、"tan" 键、" ° ′ ″ " 键

得 $\alpha = 31°59'01''$

填入表格 10-2 第 5 列。

（三）角度闭合差 f_β 计算与调整

$f_\beta = \alpha_{起始边} + \Sigma\beta_{左} - n \times 180° - \alpha_{终边}$

$\Sigma\beta_{左} = 191°13'23'' + 20°27'52'' + 152°17'30'' + 155°43'13'' = 699°41'58''$

$f_\beta = \alpha_{起始边} + \Sigma\beta_{左} - n \times 180° - \alpha_{终边}$

$= 52°17'36'' + 699°41'58'' \times 180° - 31°59'01''$

$= -19''$

按照《工程测量规范》（GB50026—2007），三级导线角度闭合差容许值为：

$f_{\beta容} = \pm 24\sqrt{n} = \pm 24\sqrt{4} = \pm 48''$

$|f_\beta| < |f_{\beta容}|$，符合规范要求。

改正数计算原则：将闭合差反符号（右角同符号）平均分配，余数分给短边上的角。

改正数 = $-33'' \div 4 = -8'' \cdots 1$

B_{15} 改正 $-9''$，其余各角改正 $-8''$

填入表格 10-2 第 3 列。

改正后角 = 观测角 + 改正数

$191° 13' 23'' -9'' = 191° 13' 14''$

$200° 27' 52'' -8'' = 200° 27' 44''$

$152° 17' 30'' -8'' = 152° 17' 22''$

$155° 43' 13'' -8'' = 155° 43' 05''$

改正后角总和 $\sum \beta_{改} = 699° 41' 25''$

比观测角总和小 $33''$，计算正确。

填入表格 10-2 第 4 列。

（四）计算各边坐标方位角

坐标方位角推算公式为：$\alpha_{前} = \alpha_{后} + \beta_{左改} - 180°$，或：$\alpha_{前} = \alpha_{后} - \beta_{右改} + 180°$

B_{15} 到 B_{15-1} 的坐标方位角

$\alpha_{B15 \sim B15-1} = \alpha_{B14 \sim B15} + \beta_{左改} - 180° = 52° 17' 36'' + 191° 13' 14'' -180° = 63°30'50''$

B_{15-1} 到 B_{15-2} 的坐标方位角

$\alpha_{B15 \sim B15-1} = 63° 30' 50'' + 200° 27' 44'' -180° = 83° 58' 34''$

B_{15-2} 到 B_{16} 的坐标方位角

$\alpha_{B15-2 \sim B16} = 83° 58' 34'' + 152° 17' 22'' -180° = 56° 15' 56''$

检核：计算 B_{16} 到 B_{17} 的坐标方位角

$\alpha_{B16 \sim B17} = 56° 15' 56'' + 155° 43' 05'' -180° = 31° 59' 01''$

与已知一致，计算无误。

（五）坐标增量计算及调整

坐标增量计算

$\Delta x = D\cos\alpha$; $\Delta y = D\sin\alpha$

B_{15} 到 B_{15-1} 的坐标增量

$\Delta x_1 = D\cos\alpha = 103.285\cos63° 30' 50'' = 46.063$

$\Delta y_1 = D\sin\alpha = 103.285\sin63° 30' 50'' = 92.444$

B_{15-1} 到 B_{15-2} 的坐标增量

$\Delta x_2 = D\cos\alpha = 136.772\cos83° 58' 34'' = 14.353$

$\Delta y_2 = D\sin\alpha = 136.772\sin83° 58' 34'' = 136.017$

B_{15-2} 到 B_{16} 的坐标增量

$\Delta x_3 = D\cos\alpha = 162.683\cos56° 15' 56'' = 90.345$

$\Delta y_3 = D\sin\alpha = 162.683\sin56° 15' 56'' = 135.290$

坐标增量闭合差为：

$$f_x = \sum \Delta x_{测} - (x_{终点} - x_{起点}) \qquad f_y = \sum \Delta y_{测} = (y_{终点} - y_{起点})$$

$f_x = 46.063 + 14.353 + 90.345 - (637467.544 - 637316.843) = +0.050$

$f_y = 92.444 + 136.017 + 135.290 - (52205.201 - 51841.419) = -0.031$

导线全长闭合差为：

$$f_d = \sqrt{f_x^2 + f_y^2} = \sqrt{(+0.050)^2 + (-0.031)^2} = 0.059$$

导线全长相对闭合差为：

$$K = \frac{1}{\sum D / f_d} = \frac{1}{\dfrac{103.285 + 136.772 + 162.683}{0.059}} = \frac{1}{6826}$$

按照规范要求，三级导线导线全长相对闭合差容许值为 1/5000。

$K = 1/6826 < 1/5000$，符合规范要求。

坐标增量改正数计算：

$$\delta_{xi} = -\frac{f_x}{\sum D} D_i$$

$$\delta_{yi} = -\frac{f_y}{\sum D} D_i$$

根据公式依次算得：

$\delta_{x1} = -50 \times 103.285 \div 402.740 = -13$

$\delta_{y1} = -(-31) \times 103.285 \div 402.740 = +8$

$\delta_{x2} = -50 \times 136.772 \div 402.740 = -17$

$\delta_{y2} = -(-31) \times 136.772 \div 402.740 = +11$

$\delta_{x3} = -50 \times 162.683 \div 402.740 = -20$

$\delta_{y3} = -(-31) \times 162.683 \div 402.740 = +12$

检核：$\sum \delta x = -50 = -f_x$ $\sum \delta y = +31 = -f_y$

计算改正后坐标增量

$\Delta x_{改} = \Delta x + \delta_{xi}$

$\Delta y_{改} = \Delta y + \delta_{yi}$

$\Delta x_{改1} = 46.063 - 0.013 = 46.050$

$\Delta y_{改1} = 92.444 + 0.008 = 92.452$

$\Delta x_{改2} = 14.353 - 0.017 = 14.336$

$\Delta y_{改2} = 136.017 + 0.011 = 136.028$

$\Delta x_{改3} = 90.345 - 0.020 = 90.325$

$\Delta y_{改3} = 135.290 + 0.012 = 135.302$

（六）计算坐标

$x = x + \Delta x_{改}$

表 10-2　导线内业计算表

1	2	3	4	5	6	7		8		9	
点号	观测角 β 左	改正数	改正后角 β 左改	坐标方位角 α	距离 D	坐标增量		改正后坐标增量		坐标	
						Δx	Δy	Δx改	Δy改	x	y
	° ′ ″	″	° ′ ″	° ′ ″	m	m	m	m	m	m	m
B_{14}				52 17 36						637256.442	51763.288
B_{15}	191 13 23	−9	191 13 14	63 30 50	103.285	−13 / 46.063	+8 / 92.444	46.050	92.452	637316.843	51841.419
B_{15-1}	200 27 52	−8	200 27 44	83 58 34	136.772	−17 / 14.353	+11 / 136.017	14.336	136.028	637362.893	51933.871
B_{15-2}	152 17 30	−8	152 17 22	56 15 56	162.683	−20 / 90.345	+12 / 135.290	90.325	135.302	637377.229	52069.899
B_{16}	155 43 13	−8	155 43 05	31 59 01						637467.544	52205.201
B_{17}										637563.624	52265.200
Σ	699 41 58	−33	699 41 25		402.740	150.761	363.751	150.711	363.782		

辅助计算

$f_\beta = 52°17'36'' + 699°41'58'' - 4 \times 180° - 31°59'01'' = +33''$

$f_{\beta容} = \pm 24\sqrt{n} = \pm 24\sqrt{4} = \pm 48''$

$|f_\beta| < |f_{\beta容}|$ 符合规范要求

$f_x = 150.761 - (637467.544 - 637316.843) = +0.050$

$f_y = 363.751 - (52205.201 - 51841.419) = -0.031$

$f_d = \sqrt{+0.050^2 + -0.031^2} = 0.059$

$K = 1/402.740 \div 0.059 = 1/6826 < 1/5000$ 符合规范要求

$$y = y + \Delta_{y \, 改}$$

B_{15-1} 的坐标：$x = 637316.843 + 46.050 = 637362.893$

$\qquad\qquad\quad y = 51841.419 + 92.452 = 51933.871$

B_{15-2} 的坐标：$x = 637362.893 + 14.336 = 637377.229$

$\qquad\qquad\quad y = 51933.871 + 136.028 = 52069.899$

检核 B_{16} 的坐标：$x = 637377.229 + 90.325 = 637467.554$

$\qquad\qquad\qquad\quad y = 52069.899 + 135.302 = 52205.201$

x、y 均与已知坐标相同，计算无误。

二、闭合导线内业计算

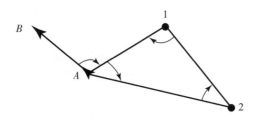

图 10 – 4 闭合导线

表 10-3　导线测量记录表

2010 年 3 月 9 日　　　天气：阴　　　观测：×××　　　记录：×××　　　复核：×××

测站	盘位	目标	水平度盘读数 °′″	半测回角值 °′″	一测回平均值 °′″	水平距离 m
A	左	B	0 00 01	101 27 32	101 27 38	182.765
		1	101 27 33			180.713
	右	1	291 27 54	101 27 45		180.714
		B	180 00 09			182.766
A	左	1	0 00 00	40 13 22	40 13 24	180.714
		2	40 13 22			220.254
	右	2	220 13 27	40 13 27		220.253
		1	180 00 10			180.714
1	左	2	0 00 01	84 57 22	84 57 25	142.786
		A	84 57 23			180.717
	右	A	264 57 42	84 57 28		180.716
		2	180 00 14			142.784

续表：

2	左	A	359 59 59	54 48 55	54 48 52	220.256
		1	54 48 54			142.783
	右	1	234 48 54	54 48 50		142.783
		A	180 00 04			220.257

表 10-4　导线内业计算表

点号	观测角	改正数	改正后角	坐标方位角	距离	坐标增量		改正后坐标增量		坐标	
						Δx	Δy	$\Delta x_改$	$\Delta y_改$	x	y
	° ′ ″	″	° ′ ″	° ′ ″	m	m	m	m	m	m	m
A					180.715					76150.263	58834.582
1	84 57 25				142.784						
2	54 48 52				220.256						
A	40 13 24									76150.263	58834.582
1											
Σ											

由已知的 B、A 两点以及点 1、点 2 构成闭合导线，B（76254.377，58684.368），A（76150.263，58834.582），如图 10 - 4 所示，外业观测记录见下表 10-3，完成闭合导线的内业计算。

闭合导线内业计算步骤如下。

（一）整理数据

将已知条件和测量数据整理在导线内业计算表。

（二）计算已知边方位角

1. 计算 A 点到 1 点的方位角

根据 B、A 的坐标计算得 B 点到 A 点的方位角

$$\alpha_{BA} = 124°43′34″$$

再根据观测角 $\angle BA1$ 推算 A 点到 1 点的方位角

$$\alpha_{A1} = 124°43′34″ + 101°27′38″ - 180° = 46°11′12″$$

2. 角度闭合差 fβ 计算与调整

$$f_{\beta} = \Sigma\beta_{内} - \left(n-2 \right) \times 180°$$

$$= 84°\,57'\,25'' + 54°\,48'\,52'' + 40°\,13'\,24'' - (3-2) \times 180°$$

$$= -19''$$

按照工程测量规范 GB50026—2007，三级导线角度闭合差容许值为：

$$f_{\beta容} = \pm 24\sqrt{n} = \pm 24\sqrt{3} = \pm 41''$$

$|f_{\beta}| < |f_{\beta容}|$，符合规范要求。

改正数计算：$19'' \div 3 = 6''\cdots1''$

改正数分配：$\angle A12$ 包含短短边 $+7''$ $\angle 12A + 6''$ $\angle 2A1 + 6''$ 总和为 $+19''$

改正后角计算：$\angle A12 = 84°\,57'\,25'' + 7'' = 84°\,57'\,32''$

$$\angle 12A = 54°\,48'\,52'' + 6'' = 54°\,48'\,58''$$

$$\angle 2A1 = 40°\,13'\,24'' + 6'' = 40°\,13'\,30''$$

改正后角总和为：$84°\,57'\,32'' + 54°\,48'\,58'' + 40°\,13'\,30'' = 180°\,00'\,00''$

（三）计算各边坐标方位角

1 到 2 坐标方位角推算公式为：$\alpha_{12} = \alpha_{A1} - \beta_{右改} + 180°$

$$= 46°\,11'\,12'' - 84°\,57'\,32'' + 180°$$

$$= 141°\,13'\,40''$$

2 到 A 坐标方位角推算公式为：$\alpha_{2A} = \alpha_{12} - \beta_{右改} + 180°$

$$= 141°\,13'\,40'' - 54°\,48'\,58'' + 180°$$

$$= 266°\,24'\,42''$$

检核：A 到 1 坐标方位角推算公式为：$\alpha_{A1} = \alpha_{2A} - \beta_{右改} + 180°$

$$= 266°\,24'\,42'' - 40°\,13'\,30'' + 180°$$

$$= 406°\,11'\,12'' - 360°$$

$$= 46°\,11'\,12''\ 计算无误$$

（四）坐标增量计算及调整

A 点到 1 点：

$$\Delta x_1 = D_1\cos\alpha_1 = 180.715\cos46°\,11'12'' = 125.111$$

$$\Delta y_1 = D_1\sin\alpha_1 = 180.715\sin46°\,11'\,12'' = 130.404$$

1 点到 2 点：

$$\Delta x_2 = D_2\cos\alpha_2 = 142.784\cos141°\,13'\,40'' = -111.320$$

$$\Delta y_2 = D_2\sin\alpha_2 = 142.784\sin141°\,13'\,40'' = 89.415$$

2 点到 A 点：

$$\Delta x_3 = D_3\cos\alpha_3 = 220.256\cos266°\,24'\,42'' = -13.785$$

$$\Delta y_3 = D_3\sin\alpha_3 = 220.256\sin266°\,24'\,42'' = -219.824$$

坐标增量闭合差为：

$$f_x = 125.111-111.320-13.785 = +0.006$$

$$f_y = 130.404 + 89.415-219.824 = -0.005$$

$$f_d = \sqrt{0.006^2+0.005^2} = 0.008$$

$$K = \dfrac{1}{\dfrac{543.755}{0.008}} = \dfrac{1}{67969} < \dfrac{1}{5000}，精度符合要求$$

计算坐标增量改正数：

$$\delta x_1 = -6\times180.715\div543.755 = -2$$

$$\delta y_1 = -（-5）\times180.715\div543.755 = +2$$

$$\delta x_2 = -6\times142.784\div543.755 = -2$$

$$\delta y_2 = -（-5）\times142.784\div543.755 = +1$$

$$\delta x_3 = -6\times220.256\div543.755 = -2$$

$$\delta y_3 = -（-5）\times220.256\div543.755 = +2$$

检核：$\Sigma\delta x = -6 = -f_x$ $\quad\quad$ $\Sigma\delta y = +5 = -f_y$

改正后坐标增量计算：

$$\Delta x_{1改} = 125.111-0.002 = 125.109$$

$$\Delta y_{1改} = 130.404+0.002 = 130.406$$

$$\Delta x_{2改} = -111.320-0.002 = -111.322$$

$$\Delta y_{2改} = 89.415+0.002 = 89.416$$

$$\Delta x_{3改} = -13.785-0.002 = -13.787$$

$$\Delta y_{3改} = -219.824+0.002 = -219.822$$

（五）计算坐标

1 点的坐标：

$$x_1 = 76150.263+125.109 = 76275.372$$

$$y_1 = 58834.582-130.406 = 58964.988$$

2 点的坐标：

$$x_2 = 76275.372-111.322 = 76164.050$$

$$y_2 = 58964.988+89.416 = 59054.404$$

检核 A 点的坐标：

$$x_A = 76164.050-13.787 = 76150.263$$

$$y_A = 59054.404+219.822 = 58834.582$$

x、y 均与已知坐标相同。

表 10-5　导线内业计算表

点号	观测角 (° ′ ″)	改正数 (″)	改正后角 (° ′ ″)	坐标方位角 (° ′ ″)	距离 (m)	坐标增量 ΔX (m)	坐标增量 Δy (m)	改正后坐标增量 ΔX改 (m)	改正后坐标增量 Δy改 (m)	坐标 x (m)	坐标 y (m)
A				46 11 12	180.715	−2 125.111	+2 130.404	125.109	130.406	76150.263	58834.582
1	84 57 25	+7	84 57 32	141 13 40	142.784	−2 −111.320	+1 89.415	−111.322	89.416	76275.372	58964.988
2	54 48 52	+6	54 48 58	266 24 42	220.256	−2 −13.785	+2 −219.824	−13.787	−219.822	76164.050	59054.404
A	40 13 24	+6	40 13 30	46 11 12						76150.263	58834.582
1											
Σ	179 59 41	+19	180 00 00		543.755	+0.006	−0.005	0	0		

辅助计算

$f_\beta = 179°59'41'' - (3-2) \times 180° = -19''$

$f_{\beta容} = \pm 24\sqrt{n} = \pm 24\sqrt{3} = \pm 41''$

$|f_\beta| < |f_{\beta容}|$ 符合规范要求

$f_x = +0.006$

$f_y = -0.005$

$f_d = \sqrt{0.006^2 + 0.005^2} = 0.008$

$K = \dfrac{0.008}{543.755} = \dfrac{1}{67969} < \dfrac{1}{5000}$，精度符合要求

全站仪的检验

一、水准管的检验与校正

（一）检验方法

将仪器整平，如图 11-1（a），水准管平行于任意一对脚螺旋。

（a）

（b）

图 11-1 水准管的检验

将照准部旋转 180°，若气泡不居中，如图 11-1（b），需要校正。

（二）校正步骤

（1）旋转脚螺旋，使气泡退回偏离量的一半，如图 11-2（a）。

（a）

（b）

图 11-2 水准管的校正

（2）校正针拨动水准管一端的校正螺丝，使气泡居中，如图 15-2（b）。

（3）反复进行几次，直至度盘处于任意位置，气泡偏离中点不大于半格为止。

（4）检查圆水准器气泡是否居中，如有偏离，用校正针拨动圆水准器下面的校正螺丝，使气泡居中即可。

二、十字丝竖丝垂直于横轴的检验与校正

（一）检验方法

（1）整平仪器，用十字丝照准一个清晰的目标点，如图11-3（a）。

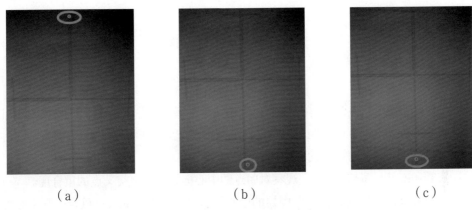

（a）　　　　　　　　　（b）　　　　　　　　　（c）

图11-3　十字丝竖丝的检验

（2）向上转动望远镜，若 p 点仍在竖丝上，如图15-3（b），说明十字丝竖丝垂直于横轴。

（3）如 p 点偏离竖丝，如图11-3（c），说明十字丝竖丝没有垂直于横轴，则需校正。

（二）校正步骤

（1）首先取下位于望远镜目镜与调焦手轮之间的分划板座护盖，便看见四个分划板座固定螺丝。

（2）用螺丝刀均匀地旋松该四个固定螺丝，绕视准轴旋转分划板座，使P点落在竖丝的位置上。

（3）均匀地旋紧固定螺丝，再用上述方法检验校正结果。

（4）将护盖安装回原位。

三、2C 的检验

（一）检验方法

（1）距离仪器同高的远处设置目标 A 点，精确整平仪器并打开电源。

（2）在盘左位置将望远镜照准目标 A 点，读取水平度盘读数 L。

（3）松开垂直及水平制动手轮中转望远镜，旋转照准部盘右照准同一 A 点（照准前应旋紧水平及垂直制动手轮）读取水平度盘读数 R。

（4）$2C = L - (R \pm 180°)$，若 $2C \geq \pm 20''$，则需要校正。

（二）校正步骤

（1）用水平微动螺旋将水平角读数调整到消除 2C 后的正确读数 $R'=R+2C$ 。

（2）取下位于望远镜目镜与调焦手轮之间的分划板座护盖，调整分划板上水平左右两个十字丝校正螺丝，先松一侧后紧另一侧的螺丝，移动分划板使十字丝中心照准目标 A 点。

（3）重复检验步骤，校正至 | 2C | < 20″ 符合要求为止。

（4）将护盖安装回原位。

四、光学对中器检验与校正

（一）检验方法

（1）将仪器安置到三脚架上，在一张白纸上画一个十字交叉并放在仪器正下方的地面上。

（2）调整好光学对中器的焦距后，移动白纸使十字交叉位于视场中心。

（3）转动脚螺旋，使对中器的中心标志与十字交叉点重合。

（4）旋转照准部，每转动 90°，观察对中点的中心标志与十字交叉点的重合度。

（5）如果照准部旋转时，光学对中器的中心标志一直与十字交叉点重合，则不必校正。否则需按下述方法进行校正。

（二）校正步骤

（1）将光学对中器目镜与调焦手轮之间的改正螺丝护盖取下。

（2）固定好十字交叉白纸并在纸上标记出仪器每旋转 90°时对中器中心标志落点。

（3）用直线连接对角点，两直线交点为 O。

（4）用校正针调整对中器的四个校正螺丝，使对中器的中心标志与 O 点重合。

（5）重复检验步骤（4），检查校正至符合要求。将护盖安装回原位。

五、横轴误差的检验与校正

（一）检验方法

（1）安置精确整平好仪器，盘左精确照准距仪器约 50cm 处一目标 A 点。

（2）垂直转动望远镜 i（$10° < i < 45°$），精确照准另一目标 B 点。

（3）转动仪器，盘右精确照准同一目标 A 点，同样垂直转动望远镜 i，检查十字丝距 B 点距离 D，$D \leqslant 15″$ 。如 $D > 15″$ 则需要进行校正。

（二）校正步骤

（1）用螺丝刀调整望远镜下方三颗校正螺丝。

（2）重复检验步骤，检查并调整校正螺丝，至 $D \leqslant 15″$ 。

四等水准测量
三角高程测量

单元 **12**

四等水准测量及三角高程测量

小区域高程控制测量包括三、四等水准测量、图根水准测量和三角高程测量，地形测量或施工测量中，多采用三、四等水准测量作为高程控制测量的首级控制。

━━ 一、四等水准测量的技术要求 ━━

（一）高程系统

三、四等水准测量起算点的高程一般引自国家一、二等水准点，若测区附近没有国家水准点，也可建立独立的水准网，这样起算点的高程应采用假定高程。

（二）布设形式

如果作为测区的首级控制，一般布设成闭合环线。若进行加密，则多采用附合水准路线或支水准路线。

（三）点位的埋设

点位应选在地基稳固，能长久保存标志和便于观测的地点，水准点的间距一般为 $1 \sim 1.5km$，山岭重丘区可根据需要适当加密，一个测区一般至少埋设三个以上的水准点。

（四）技术标准

三、四等及五等水准测量的精度要求和技术要求列于表 12-1 中。

表 12-1　三、四等及五等水准测量技术精度和要求

技术项目	三等水准测量	四等水准测量	五等水准测量
1. 仪器与水准尺	$DS_1 +$ 铟瓦尺 $DS_3 +$ 双面尺	$DS_3 +$ 双面尺	$DS_3 +$ 水准尺
2. 测站观测顺序	$a_黑 \rightarrow b_黑 \rightarrow b_红 \rightarrow a_红$	$a_黑 \rightarrow a_红 \rightarrow b_黑 \rightarrow b_红$	$a_黑 \rightarrow b_黑$
3. 视线最低高度	0.3	0.2	—
4. 视线长度	$DS_1 \leqslant 100m$ $DS_3 \leqslant 75m$	$\leqslant 100m$	$\leqslant 100m$
5. 前后视距差	$\leqslant \pm 3.0m$	$\leqslant \pm 5.0m$	$\leqslant \pm 10.0m$
6. 前后视距累计差	$\leqslant \pm 6.0m$	$\leqslant \pm 10.0m$	$\leqslant \pm 50.0m$
7. 黑红面读数之差	$DS_1 \leqslant \pm 1mm$ $DS_3 \leqslant \pm 2mm$	$\leqslant \pm 3mm$	$\leqslant \pm 4mm$

续表：

8. 黑红面高差之差	$DS_1 \leq \pm 1.5mm$ $DS_3 \leq \pm 3mm$	$\leq \pm 5mm$	$\leq \pm 6mm$
9. 路线总长度	$\leq 200km$	$\leq 80km$	—
10. 高差闭合差	$\pm 12\sqrt{L}$ mm 或 $\pm 3.5\sqrt{n}$ mm	$\pm 20\sqrt{L}$ mm 或 $\pm 6\sqrt{n}$ mm	$\pm 40\sqrt{L}$ mm 或 $\pm 12\sqrt{n}$ mm

注：括号内数字为参考值。

二、四等水准测量的观测方法

三、四等水准测量观测应在通视良好、望远镜成像清晰天气稳定的情况下进行。一般采用一对双面尺。下面以四等水准测量为例，学习测量的方法、记录及计算。

（一）四等水准一个测站的观测步骤

（1）照准后尺黑面，分别读取上、下、中三丝读数，并记入表格（1）、（2）、（3）处；

（2）照准后尺红面，读取中丝读数，记入表格（4）处；

（3）照准前尺黑面，分别读取上、下、中三丝读数，记记入表格（5）、（6）、（7）处；

（4）照准前尺红面，读取中丝读数，记记入表格（8）处。

这四步观测，简称为"后—后—前—前"（黑—红—黑—红）。

（二）一个测站的计算与检核

（1）视距的计算与检核

后视距：$(9) = [(1) - (2)] \times 0.1m \leq 100m$

前视距：$(10) = [(5) - (6)] \times 0.1m \leq 100m$

视距差：$(11) = (9) - (10) \leq \pm 5.0m$

视距累计差：$(12) = $ 本站 $(11) + $ 上站 $(12) \leq \pm 10.0m$

（2）水准尺读数的检核

同一根水准尺黑面与红面中丝读数之差：

后尺黑、红面中丝读数差：$(13) = (3) - (4) + K \leq \pm 3mm$

前尺黑、红面中丝读数差：$(14) = (7) - (80) + K \leq \pm 3mm$

（K 为红面尺的起点数，为 4687mm 或 4787mm）

（3）高差的计算与检核

黑面高差：$(15) = (3) - (7)$

红面高差：$(16) = (4) - (8)$

黑红面高差之差：$(17) = (15) - [(16) \pm 100]$，或 $(17) = (13) - (14) \leq \pm 5mm$

平均高差：$(18) = [(15) + (16) \pm 100] / 2$

(三)每页计算校核

（1）高差部分

在每页上，后视红、黑面读数总和与前视红、黑面读数总和之差，应等于红、黑面高差之和，还应等于平均高差的2倍。

$$\sum[(3)+(7)]-\sum[(4)+(8)]=\sum[(15)+(16)]=2\sum(18)$$

（2）视距部分

在每页上，后视距总和与前视距总和之差应等于本页末站视距差累积值与上页末站视距差累积值之差。校核无误后，可计算水准路线的总长度。

$$\sum(9)-\sum(10)=本页末站之(12)-上页末站之(12)$$

水准路线总长度 $L=\sum(9)+\sum(10)$

表12-2　三、四等水准测量记录手簿

测站编号	观测点	后尺 上丝 下丝 / 后视距 / 视距差	前尺 上丝 下丝 / 前视距 / 视距累计差	方向及尺号	水准尺中丝读数 黑面	水准尺中丝读数 红面	黑-红 +K	平均高差
		(1)	(5)	后	(3)	(4)	(13)	(18)
		(2)	(6)	前	(7)	(8)	(14)	
		(9)	(10)	后-前	(15)	(16)	(17)	
		(11)	(12)					
1	BM₁ ｜ TP₁	1614	0774	后	1384	6171	0	+0832
		1156	0326	前	0551	5239	−1	
		45.8	44.8	后-前	+0833	+0932	1	
		+1.0	+1.0					
2	TP₁ ｜ TP₂	2188	2252	后	1934	6622	−1	−0074
		1682	1758	前	2008	6796	−1	
		50.6	49.4	后-前	−0074	−0174	0	
		+1.2	+2.2					
3	TP₂ ｜ TP₃	1922	2066	后	1726	6512	1	−0141
		1529	1668	前	1866	6554	−1	
		39.3	39.8	后-前	−0140	−0042	2	
		−0.5	+1.7					
4	TP₃ ｜ A	2041	2220	后	1832	6520	−1	−0174
		1622	1790	前	2007	6793	1	
		41.9	43.0	后-前	−0175	−0273	−2	
		−1.1	+0.6		Σ(18)=0443			

（四）成果整理

每站观测结束时，应立即进行计算和进行规定的检核，若有超限，则应重测该站。全线路观测完毕，计算高差闭合差，经检核合格后，调整高差闭合差，计算各水准点的高程。具体计算步骤和普通水准测量的计算相同。

观测间歇时，最好在水准点上结束。否则，应选择两个坚稳可靠、便于放置标尺的固定点，作为间歇点，同时在记录手簿上加以说明，并记录两间歇点间的高差。间歇后，应进行检测，检测结果符合限差要求（对于四等水准测量，规定检测间歇点高差之差 ≤ 5mm），即可从间歇点起测。

三、三角高程测量

（一）三角高程测量的原理

在山区或地形起伏较大的地区测定地面点高程时，采用水准测量进行高程测量耗时费力，故实际工作中常采用全站仪三角高程测量的方法施测。三角高程测量是通过观测两点间的水平距离和垂直角求算两点间的高差的方法，如图 12－1。

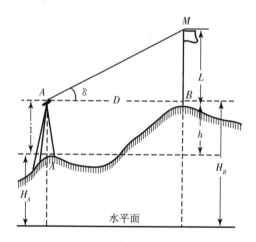

图 12－1　三角高程测量基本原理

由图可知，AB 两点间高差的按下式计算：

$$h_{AB} = VD + i - L$$

式中：VD ——全站仪望远镜和棱镜之间的高差（$VD = D \times \tan\delta$）；

D ——A、B 两点间的水平距离；

δ ——垂直角；

i ——仪器高；

L ——觇标高。

《工程测量规范》对全站仪三角高程测量的主要技术要求作了具体规定，见表 12-3。

表 12-3　全站仪三角高程测量技术指标

等级	仪器	测回数		指标差较差 / (")	竖直角较差 / (")	对向观测高差较差 / mm	附合或环形闭合差 / mm
		三丝法	中丝法				
四等	DJ2		3	≤ 7	≤ 7	$\pm 40\sqrt{D}$	$\pm 20\sqrt{\Sigma D}$
五等	DJ2	1	2	≤ 10	≤ 10	$\pm 60\sqrt{D}$	$\pm 30\sqrt{\Sigma D}$

（二）三角高程测量的方法

1. 单向观测

单向观测法是最基本最简单的三角高程测量方法，它直接在已知点上对待测点进行观测，然后再加上大气折光和地球曲率的改正，就得到待测点的高程。这种方法操作简单，但是大气折光和地球曲率的改正不便计算，因而精度相对较低。

$$h_{AB} = VD + i - L + p - r$$

式中：p——地球曲率改正，$p = D^2 / 2R$，R 为地球半径；

r——大气折光改正，$r = KD^2 / 2R$，K 为大气折光系数，取 0.1 ~ 0.16。

则有：$h_{AB} = VD + i - L + D^2 \times (1-K) / 2R$。

2. 对向观测

对向观测法是目前使用较多的一种方法。对向观测法是指在 A 点设站，按三角高程测量原理观测了 B 点后，还要在 B 点设站，在 A 架设棱镜进行对向观测，从而就可以得到两个观测量。

往测：$h_{AB} = D_1 \times \tan\delta_1 + i_1 - L_1 + p_1 - r_1$

返测：$h_{BA} = D_2 \times \tan\delta_2 + i_2 - L_2 + p_2 - r_2$

对两次观测所得高差取平均值，就可以得到 A、B 两点之间的高差值。由于是在同时进行的对向观测，而观测时的路径也是一样的，可以认为在观测过程中，地球曲率和大气折光对往返两次观测的影响相同，所以在对向观测法中可以将它们消除。

$$h = \frac{1}{2} \times (h_{AB} - h_{BA})$$

$$= \frac{1}{2} \times \left[(VD_1 + i_1 - L_1 + p_1 - r_1) - (VD_2 + i_2 - L_2 + p_2 - r_2) \right]$$

$$= \frac{1}{2} \times \left[(VD_1 - VD_2) + (i_1 - i_2) - (L_1 - L_2) \right]$$

与单向观测法相比，对向观测法不用考虑地球曲率和大气折光的影响，具有明显的优势，而且所测得的高差也比单向观测法精确。

3. 中间观测

中间观测法是模拟水准测量而来的一种方法，它像水准测量一样，在两个待测点之间架

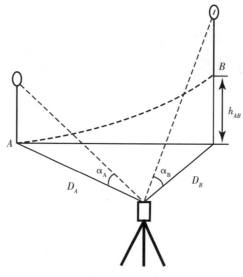

图 12-2 中间观测法

设仪器，分别照准待测点上的棱镜，再根据三角高程测量的原理，类似于水准测量进行两待测点之间的高差计算。

如图 12-2，将全站仪置于距 A、B 两点大致相等的位置，DA、DB 分别为测站与测点 A、B 之间的水平距离，δ_A、δ_B 为全站仪照准棱镜中心的垂直角，i 为仪器高；L_A、L_B 为棱镜高；R 为地球曲率半径。以折光系数为方向变量，取两个不同方向的大气折光系数分别为 KA，KB，则测点 A 和 B 之间的高差为：

$$h_{AB} = (VD_B - VD_A) + (L_A - L_B) + (D_B^2 \times \frac{1-K_B}{2R} - D_A^2 \times \frac{1-K_A}{2R})$$

根据上述公式，若每次在两相邻水准点上放置的棱镜高相等，即 $L_A = L_B$，忽略大气折光系数，则上式可表示为：

$$h_{AB} = VD_B - VD_A$$

中间观测法可不量取仪器高和棱镜高，消除了仪器及棱镜高的量取误差，加快了施测速度。

全站仪中间观测法三角高程测量可代替三、四等水准测量。在测量过程中，应选择硬地面作转点，用对中脚架支撑棱镜，棱镜上安装觇牌，保持两棱镜等高，并轮流作为前镜和后镜，同时将测段设成偶数站，以消除两棱镜不等高而产生的残余误差影响。

与对向观测法相比，当两观测点间的水平距离小于 1km 时，对向观测法的测量精度一般高于中间观测法的精度，而当两观测点间的水平距离大于 1km 时，中间观测法的测量精度则高于对向观测法的精度。

三角高程测量因其测量原理的不同，与水准测量相比有缺点，也有其独特的优势。它可以进行较远距离测量，跨过水准测量难以进行的地段，而且每一测站观测需要的时间相对水准测量来说也是大大缩减。因而，三角高程测量以它的生产效率和经济效益也得到了广泛应用。

误差的基本知识

测量误差的基本知识

━━━ 一、测量误差产生的原因 ━━━

（1）测量误差的定义

真值：客观存在的值"X"（通常不知道）

真误差：观测值与真值之差，即：真误差 = 观测值 − 真值

（2）测量误差的反映

测量误差是通过"多余观测"产生的差异反映出来的

（3）测量误差的来源如右图

测量仪器
1 测量仪器存在构造缺陷
仪器本身精密度有一定限度

观测者
2 感觉器官的鉴别能力
技术水平和工作态度

外界条件
3 温度、湿度、气压、风力、
大气折光等外界条件因素

━━━ 二、观测条件与精度 ━━━

● 仪器
● 观测者 〉 这三个因素被统称为观测条件
● 外界环境

等精度观测：相同观测条件下进行的观测，测量成果的质量可以说是相同的。

不等精度观测：不同观测条件下进行的观测。

测量中误差是不可避免的，研究误差理论不是为了去消灭误差，而是要对误差的来源、性质及其产生和传播的规律进行研究，以便解决测量工作中遇到的一些实际问题。

━━━ 三、测量误差的分类 ━━━

测量误差按其对测量结果影响的性质，可分为：系统误差、偶然误差。

1. 系统误差

▶ 定义：在相同观测条件下，对某量进行一系列观测，如误差出现符号和大小均相同或按一定的规律变化，这种误差称为系统误差。

▶ 特点：具有积累性，对测量结果的影响大，可通过一般的改正或用一定的观测方法加以消除。

例如：钢尺尺长误差、钢尺温度误差、水准仪视准轴误差、经纬仪视准轴误差。

2. 偶然误差（随机误差）

▶ 定义：在相同观测条件下，对某量进行一系列观测，如误差出现符号和大小均不一定，这种误差称为偶然误差。但具有一定的统计规律。

▶ 特征：具有一定的限度；绝对值小的误差出现的概率大；绝对值相等的正、负误差出现的机会相同；随机误差的算术平均值趋近于零。

此外，在测量工作中还要注意避免粗差（错误）的出现。

四、衡量测量精度的标准

1. 评定精度的标准

精度：指在对某一个量进行多次观测中，各观测值之间的离散程度。

$$\text{评定精度的标准} \begin{cases} \text{中误差} \\ \text{容许误差（极限误差）} \\ \text{相对误差} \end{cases}$$

2. 中误差

在相同条件下，对某量（真值为 X）进行 n 次独立观测，观测值 L_1，L_2，...，L_n；真误差为 Δ_1，Δ_2，...，Δ_n。

真误差：$\Delta_i = L_i - X$，

中误差：$m = \pm\sqrt{\dfrac{\Delta_1^2 + \Delta_2^2 + \cdots + \Delta_n^2}{n}} = \sqrt{\dfrac{[\Delta\Delta]}{n}}$（$n$ 为观测值个数）

m 值小表示观测精度较好；m 值大则表示精度低。

【例 13-1】两观测小组，在相同的观测条件下对某三角形的内角分别进行了 5 次的观测，两组各次观测所得真误差（三角形角度闭合差）如下：

第一组：$+1''$、$-6''$、$+6''$、$-2''$、$+3''$

第二组：$-1''$、$-5''$、$+3''$、$-2''$、$+1''$

试计算两组观测值的中误差，并比较这两组观测值的精度。

解：

$$m_1 = \pm\sqrt{\frac{\Delta_1^2 + \Delta_2^2 + \cdots + \Delta_5^2}{n}} = \pm\sqrt{\frac{86}{5}} = \pm4.1''$$

$$m_2 = \pm\sqrt{\frac{\Delta_1^2 + \Delta_2^2 + \cdots + \Delta_5^2}{n}} = \pm\sqrt{\frac{40}{5}} = \pm 2.8''$$

$m_1 > m_2$，故第二组的观测精度高。

3. 容许误差

测量中，一般取两倍中误差（$2m$）或者三倍中误差（$3m$）作为容许误差，也称为限差
$|\Delta_{容}|=3|m|$ 或 $|\Delta_{容}|=2|m|$

4. 相对误差

中误差绝对值与观测量之比。用分子为 1 的分数表示。

$$K = \frac{|m|}{D} = \frac{1}{\dfrac{D}{|m|}}$$

分数值较小相对精度较高；分数值较大相对精度较低。

【例 13-2】丈量两段距离，第一段的长度为 100m，其中误差为 ±2cm；第二段的长度为
300m，其中误差为 ±4cm，比较这两组观测值的精度。

解：

$$K_1 = \frac{|m_1|}{D_1} = \frac{0.02}{100} = \frac{1}{5000} \qquad K_2 = \frac{|m_2|}{D_2} = \frac{0.04}{300} = \frac{1}{7500}$$

$K_1 > K_2$，故第二段的测量精度高。

五、正确对待测量中的误差与错误

观测中的误差不可避免，因此必须按规程作业，使观测成果精度合格；作业中要采取严
格的校核措施，在最后成果中发现并剔除错误；作业前严格审核其实依据的正确性，在作业中
要坚持测量、计算工作步步有校核的工作方法。

在测量放线工作中，必须首先取得正确的起始依据，然后再坚持测量放线中测算步步有
校核的作业方法，才可能保证最终成果是正确的。

单元 **14**

卫星全球定位系统的认识

卫星全球定位系统

卫星全球定位系统，是随着现代化科技技术的迅速发展而建立起来的新一代精密卫星导航与定位系统。它在全球任何地方以及近地空间都能够提供准确的地面位置、车行速度及精确的时间信息。下面对该系统的发展由来，在导航和定位方面的特点、系统的组成概况等作一介绍。

一、GPS 的由来与发展

1957 年 10 月前苏联第一颗人造地球卫星成功发射；标志着人类空间科学技术的发展跨入了一个崭新的时代。

1958 年底美国海军武器实验室建立美军舰艇导航服务的卫星系统，即"海军导航卫星定位系统"

2000 年 10 月第一颗北斗一号试验卫星成功发射，到 2020 年 6 月 23 日北斗三号最后一颗全球组网卫星完成部署，20 年来，44 次发射，中国先后将 4 颗北斗试验卫星，55 颗北斗二号、三号组网卫星送入太空，完成全球组网，2020 年 7 月 31 日正式为世界贡献全球卫星导航的"中国方案"。

现有的四大卫星全球定位系统：美国全球定位系统；欧洲"伽利略"系统；俄罗斯"格洛纳斯"系统；我国北斗卫星导航系统。

二、GPS 定位的特点

（一）全球地面连续覆盖

由于 GPS 卫星的数目较多且分布合理，所以地球上任何地点均可连续同步地观测到至少 4 颗卫星。从而保障了全球、全天候连续地实时导航与定位。

（二）观测站之间无需同视

既要保持良好的通视条件，又要保障良好网行结构，这一直是经典大地测量在实践方面的困难问题之一。GPS 测量不要求观测站之间互相通视，因而不再需要建造占标。这一优点既可大大减少测量工作的经费和时间，同时也使得点位的选择变得甚为灵活。

（三）观测时间短

目前完成一条基线的精密相对定位所需要的观测时间，一般约为 1~3h。为了缩短观测时间，提高作业速度，对于快速定位方法的研究受到广泛的重视。近年来发展的短基线快速相对定位法，其观测时间仅需数分钟。

（四）操作简便

GPS 测量的自动化程度很高，在观测中测量员的主要任务只是安装并开关仪器，量取仪器高和监视仪器的工作状态，而其它观测工作如卫星的捕捉、跟踪观测等均由仪器自动完成。

（五）定位精度高

目前单点实时定位（CIA 码）精度可达 5~10m，静态相对位置精度可达 $1 \sim 0.1 \times 10^{-6} D$，测速精度为 0.1m/s，而测时精度约为 10ns。随着 GPS 技术作为导航技术现代化的重要标志，这一技术被为 20 世纪最重大的科技成就之一。

（六）可以提供三维坐标

GPS 可以为各类用户连续地提供动态目标的三维位置、三维速度和时间信息。

三、GPS 的组成部分

（一）空间卫星系统（空间部分）

GPS 卫星的作用是向用户连续不断地发送导航定位信号，并用导航电文报告自己的现时位置以及其它在轨卫星的概略位置。主要功能是接收并存储来自地面控制系统的导航电文；在原子钟的控制下自动生成测距码和载波；并将测距码和导航电文调制在载波上播发给用户。

（二）地面监控系统（地面控制部分）

目前主要由分布在全球的 5 个地面站所组成，其中包括卫星主控站、信息注入站和监测站。监控站内设置有双频 GPS 接收机、高精度原子钟、气象参数测试仪和计算机等设备，主要任务是完成对 GPS 卫星信号的连续观测，并将搜集到的数据和当地气象观测资料经过处理后传送到主控站。主控站主要是协调管理地面监控系统、调节偏离轨道等工作。注入站的主要任务就是将主控站编制的导航电文、计算出的卫星星历和卫星钟差注入相应的卫星。

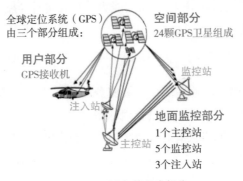

图 14 - 1 GPS 的组成部分

（三）GPS 信号接收机（用户设备部分）

GPS 的空间部分和地面监控部分，主要由 GPS 接收机、硬件和数据处理软件、微处理机及终端设备组成，是用户广泛应用该系统进行导航和定位的基础，而用户只有通过用户设备，才能实现应用 GPS 导航和定位的目的。

四、中国北斗卫星导航系统

（一）服务性能

截至 2018 年 12 月，北斗系统可提供全球服务，在轨工作卫星共 33 颗，包含 15 颗北斗二号卫星和 18 颗北斗三号卫星，具体为 5 颗地球静止轨道卫星、7 颗倾斜地球同步轨道卫星和 21 颗中圆地球轨道卫星。

表 14-1　北斗系统当前基本导航服务性能指标

服务区域	全球
定位精度	水平 10m、高程 10m（95%）
测速精度	0.2m/s（95%）
授时精度	20ns（95%）
服务可用性	优于 95%，在亚太地区，定位精度水平 5m、高程 5m

（二）发展特色

北斗系统的建设实践，实现了在区域快速形成服务能力、逐步扩展为全球服务的发展路径，丰富了世界卫星导航事业的发展模式。

北斗系统具有以下特点：

（1）北斗系统空间段采用三种轨道卫星组成的混合星座，与其他卫星导航系统相比高轨卫星更多，抗遮挡能力强，尤其低纬度地区性能特点更为明显。

（2）北斗系统提供多个频点的导航信号，能够通过多频信号组合使用等方式提高服务精度。

（3）北斗系统创新融合了导航与通信能力，具有实时导航、快速定位、精确授时、位置报告和短报文通信服务五大功能。

（三）未来发展

北斗系统将持续提升服务性能，扩展服务功能，增强连续稳定运行能力。2020 年年底前，北斗二号系统还将发射 1 颗地球静止轨道备份卫星，北斗三号系统还将发射 6 颗中圆地球轨道卫星、3 颗倾斜地球同步轨道卫星和 2 颗地球静止轨道卫星，进一步提升全球基本导航和区域短报文通信服务能力，并实现全球短报文通信、星基增强、国际搜救、精密单点定位等服务能力。

五、GPS 定位的基本原理

GPS 定位是用户天线在跟踪 GPS 卫星的过程中固定不变，接收机高精度地测量 GPS 信号的传播时间，连同 GPS 卫星在轨的已知位置，从而解算得固定不动的用户天线之三维坐标。系统定位分为静态定位和动态定位。

（一）静态定位

静态定位即在定位过程中，接收机天线的位置固定的，处于静态状态。不过说来，静止状态只是相对的。在卫星大地测量学中，所谓静止状态，通常指待定点的位置相对其周围的点位没有发生变化，或变化极其缓慢以致在观测期间内可以忽略。

1. 方案设计阶段

（1）施测前制定观测计划；

（2）根据设计的 GPS 控制网布设方案；

（3）精度技术要求、GPS 接收机数量，后勤交通、通信保障条件等制定测量计划；

（4）确定工作量、选择观测时段、及人员设备车辆调度等。

2. 接收机、手簿以及其附件

（1）接收机的基本知识

用户设备主要包括接收机极其天线，微处理机极其终端设备以及电源等。而其中接收机和天线是用户设备的核心部分。主要功能就是接收卫星信号并进行处理和测量。主要组成部分包括：

① 天线

② 信号处理器，用于信号识别和处理；

③ 微处理器，用于接收机的控制、数据采集和导航计算；

④ 用户信息传输，包括操作板、显示器和数据存储器；

⑤ 精密振荡器，用以产生标准频率；

⑤ 电源。

（2）接收机的类型

导航与定位技术的迅速发展和应用领域的不断开拓，按作业模式可分为基准接收机和移动接收机，

图 14－2　主机

图 14－3　手簿

3. 基准站部分

（1）架好脚架于已知点上，对中整平（如架在未知点上，则大致整平即可）。

（2）接好电源线和发射天线电缆。注意电源的正负极正确（红正黑负）。

（3）打开主机和电台，主机开始自动初始化和搜索卫星，当卫星数和卫星质量达到要求后（大约1min），主机上的DL指示灯开始5s快闪2次，同时电台上的TX指示灯开始每秒钟闪1次。这表明基准站差分信号开始发射，整个基准站部分开始正常工作。

4. 现场布控

（1）选点

① 在开阔地方（高度角大于15°），GPS测量并不要求测站之间相互通视，网的图形选择比较灵活，只要均匀布置于整个测区即可。但如果施工阶段会有全站仪加入，就要考虑通视的因素了。

② 点位应远离大功率无线电发射源，其距离不得小于200m，并且远离高压输电线，其距离不得小于50m，以避免周围磁场对GPS卫星信号的干扰。

③ 点位附近不应有强烈干扰接收卫星信号的物体，并尽量避开大面积水域，以减弱多路径误差的影响；

④ 点位应选择在交通方便的地方，有利于用其他测量手段联测或扩展；

⑤ 地面基础稳定，有利于点位保存。

（2）埋石

GPS等级测量网点一般应设置具有中心标志的标石，标志点标石类型可参照《全球定位系统（GPS）测量规范》（GBT 18314—2016）。

（3）适用范围

① 建立全球性或国家级大地控制网；

② 建立地壳运动或工程变形监测网；

③ 建立长距离检校基线；

④ 进行岛屿与大陆联测；

⑤ 钻井精密定位。

（4）野外观测（见GPS外业观测记录手表14-2、GPS外业观测记录统计表14-3）

① 架站：精密对中、精密整平；

② 量取仪器高，（斜高或垂直高，不同厂家、不同型号的仪器要参考说明书进行测量）。

图14-4 GPS控制点

③开机（锁星正常一分钟后开始记录）

④测量员记录测站信息（测站号、仪器号、仪器高、起始时间及结束时间）

（三）动态定位

动态定位即在定位过程中，接收机天线处于运动状态。而在绝对定位和相对定位中，又都可能包含静态与动态两种方式。

表 14-2　GPS 外业观测记录手表

工程 GPS 外业观测手簿：×××　　　　　　　　　　　　　　　　　第：× 页

测站号	012	测站名	CPII	天气状况	晴
观测员	×××	记录员	×××	观测日期	
接收机名称及编号	000014	天线类型及编号	GS15	数据文件名	CPII012
近似经度	112.1230	近似纬度	45.1233	近似高程	105
预热时间	20min	开始记录时间	8:20	结束时间	10:00
天线高	测前：1.452		侧后：　1.454	平均：1.453	
温度	测前：25℃侧后：25℃平均：25℃				

表 14-3　GPS 外业观测记录统计表

工程：×××　　　　　　　　记录者：×××　　　　　　　　检查者：×××

时段	点号	仪器号	仪器高	开始时间	结束时间	日期	天气	备注
1	CPII01	000014	1.453	8:20	10:00	4/5	晴	
2	CPII02	000015	1.375	8:18	10:01	4/5	晴	
3	CPII03	000016	1.641	8:12	10:26	4/5	晴	
时段	点号	仪器号	仪器高	开始时间	结束时间	日期	天气	备注
1	CPII02	000015	1.375	11:00	12:32	4/5	晴	
2	CPII03	000016	1.641	10:53	12:30	4/5	晴	
3	CPII04	000014	1.438	10:55	12:38	4/5	晴	

（1）特点

RTK（real-time kinematic 实时动态）通过控制点校正后，精度同样可以很高，一定范围内（数公里）精度稳定。误差来源于 GPS 信号及坐标转换参数误差。优势是可单人作业，全天候作业，简便快捷，测点不会有相互的误差传递，其劣势是不能做控制测量。

（2）基本方法

在测区选择一基准站，并在其上安装一台接收机连续跟踪所有可见卫星；置另一台得到固定解的接收机，在校正点上进行校正，符合要求后可以流动采集数据。

（3）适用范围

① 开阔地区的加密测量；

② 工程定位及碎步测量（地形测量）；

③ 剖面测量和线路测量。

（4）移动站部分

① 将移动站主机接在碳纤对中杆上，并将接收天线接在主机顶部，同时将手簿夹在对中杆的适合位置。

② 打开主机，主机开始自动初始化和搜索卫星，当达到一定的条件后，主机上的 DL 指示灯开始1s闪1次（必须在基准站正常发射差分信号的前提下），表明已经收到基准站差分信号。

③ 打开手簿，启动工程之星软件。工程之星快捷方式一般在手簿的桌面上，如手簿冷启动后则桌面上的快捷方式消失，这时必须在 Flashdisk 中启动原文件。

④ 启动软件后，软件一般会自动通过蓝牙和主机连通。如果没连通则首先需要进行设置蓝牙。

⑤ 软件在和主机连通后，软件首先会让移动站主机自动去匹配基准站发射时使用的通道。如果自动搜频成功，则软件主界面左上角会有信号在闪动。如果自动搜频不成功，则需要进行电台设置。

⑥ 在确保蓝牙连通和收到差分信号后，开始新建工程，依次按要求填写或选取如下工程信息：工程名称、椭球系名称、投影参数设置、四参数设置（未启用可以不填写）、七参数设置（未启用可以不填写）和高程拟合参数设置（未启用可以不填写），最后确定，工程新建完毕。

六、GPS 定位精度和系统误差的检验

用户 GPS 定位系统的定位精度和系统误差的检验可以使用坐标检验和投影后的边长检验。

（一）坐标对比检验

1. 直接使用 WGS-84 坐标对比

此方法直接检验 GPS 的绝对定位精度，并可排除坐标系统转换的误差影响。但是由于精确的 WGS-84 坐标的基准点获取十分困难。

2. 使用国家控制网的坐标

可以使用地理坐标和高斯平面坐标比较。但需要已知两坐标系的转换参数。

（二）边长对比检验

（1）直接与高精度基线边进行比较；

（2）直接与高精度的测距仪器测量结果进行比较；

（3）在专门的 GPS 鉴定网上进行比较。

在进行 GPS 精度检验时，作为基准的点坐标或边长的精度必须可靠，并且足以作为基准。

地形图的基本知识

地形测量的基本知识

　　通过地形图可以全面掌握某个地区的地面起伏状态、坡度的变化、各种各样建筑物的相对位置、土地利用状况以及交通状况、河流的流向分布等，在各种工程建设的规划设计过程中都必须对所拟建地区的情况做一个系统全面的调查，利用我们所掌握的地形图测绘知识，从中获得各项工程规划设计所需要的各种要素。

一、地形图的定义

　　地形图，是普通地图的一种，按一定的比例，用规定的符号和法则表示地物、地貌的平面位置和高程的正射投影图。

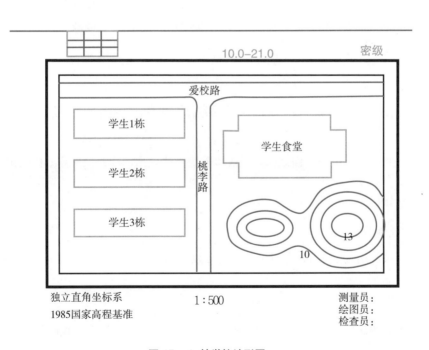

图 15-1 某学校地形图

　　地物和地貌总称为地形。地物指地面各种固定性的物体。包括人工地物和自然地物。人工地物：铁路、房屋、桥梁、大坝等。自然地物：江河、湖泊、森林、草地等。地貌指地面各种高低起伏形态，如高山、深谷、陡坎、悬崖峭壁和雨裂冲沟等。

通过野外实地测绘，将地面上各种地物的平面位置按一定比例尺，用规定的符号缩绘在图纸上，并注有代表性的高程点，这种图称为平面图。如果既表示出各种地物，又用等高线表示出地貌的图，称为地形图。

二、地形图的内容

地形图的内容包括数学要素、地形要素、注记和整饰要素。

数学要素指的是比例尺、坐标系、高程系等；每幅地形图测绘完成后，都要在图上标注本图的投影方式、坐标系统和高程系统，以备日后使用时参考。地形图都是采用正投影的方式完成。坐标系统指该幅图是采用以下哪种方式完成的，比如 1980 年国家大地坐标系、2000 国家大地坐标系、城市坐标系、独立平面直角坐标系等。高程系统指本图所采用的高程基准。有两种基准：1985 年国家高程基准和设置相对高程系统。

地形要素指的是各种地物、地貌，在图上由地物符号和地貌符号表示。地物符号表示地物的类别、形状、大小及其位置。地貌符号一般由等高线表示。

注记包括地名注记和说明注记，地名注记包括行政区划、居民地、道路、河流、湖泊、水库、山脉、山岭、岛礁名称等。说明注记包括文字和数字注记，用以补充说明对象的质量和数量属性。如房屋的结构和层数、管线性质及输送物质、比高、等高线高程、地形点高程以及河流的水深、流速等。

三、地形图比例尺

图上任一线段的长度与地面上相应线段水平距离的之比，称为地形图的比例尺。

（一）比例尺种类

1. 数字比例尺

数字比例尺是用分子为 1，分母为整数的分数表示。

$$\frac{d}{S} = \frac{1}{M}$$

式中：M 为地形图比例尺分母；d 为地形图上某线段的长度；S 为实地相应的投影长度。比例尺越小，M 越大，比例尺越大，M 越小。

图示比例尺。

直线比例尺是最常见的图示比例尺。用一定长度的线段表示图上长度，且按它所对应的实地长度进行注记。

图 15 - 2 图示比例尺

2. 地形图按比例尺分类

① 大比例尺地形图——1∶500、1∶1000、1∶2000、1∶5000

② 中比例尺地形图——1∶1万、1∶2.5万、1∶5万、1∶10万

③ 小比例尺地形图——1∶25万、1∶50万、1∶100万

3. 地形图比例尺精度

人用肉眼能分辨的最小距离一般为0.1mm，所以把图上0.1mm所表示的实地水平距离称为比例尺精度，即：$0.1mm \times M$ （M 为比例尺分母）。

例如，在1∶500的地形图上量取两点间的距离时，用眼睛最多只能辨别出 $0.1mm \times 500 = 0.05m$ 的正确性。同样，在测绘1∶500比例尺地形图时，测量水平距离或计算的数据结果的取位只需精确到0.05m，如果要精确到0.005m，图上也无法表示出来。同理，如果要求图上能表示出地面线段精度不小于0.2m，则采用的测图比例尺应不小于1∶2000。

比例尺精度其作用：

（1）按工作需要，多大的地物须在图上表示出来或测量地物须精确到什么程度，由此可参考决定图的比例尺；

（2）若比例尺确定，则可以推算出测量地物应精确到什么程度。

比例尺	1∶500	1∶100	1∶2000	1∶5000	1∶10000
比例尺精度 /m	0.05	0.1	0.2	0.5	1.0

图 15 - 3 不同比例尺的相应精度

四、地形图图式

为便于测图和用图，用各种符号将实地的地物和地貌在图上表示出来，这些符号总称为地形图图式。地形图图式分为：地物符号、地貌符号和注记符号。图式是由国家统一制定的，它是测绘和使用地形图的重要依据和标准。地形图图式制定原则：简明、象形、易于判读地物。2018年5月1日我国正式实施2017版地形图图式（GB/T20257.1—2017），2007版图式将被代替。

（一）地物符号

1. 比例符号：当地物的轮廓尺寸较大时，常按测图的比例尺将其形状大小缩绘到图纸上，绘出的符号称为比例符号。比例符号可表示地物外轮廓的形状、大小、位置；是与地物外轮廓

图 15-4 2017 版地形图图式（国家标准）

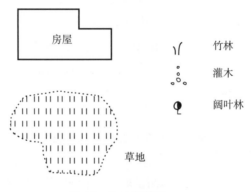

图 15-5 比例符号

成相似图形的符号。植被和土壤用符号，边界一般用虚线，房屋可注记结构和层次。

2.非比例符号：独立符号，具有特殊意义的地物，轮廓较小时，无法按比例缩放，就采用统一尺寸，用规定的符号来表示。非比例符号只表示地物的中心位置的象形符号，不表示地物的形状和大小。

图 15-6 非比例符号

3.半比例符号：一些线状地物，长度按比例，宽度不按比例，又称线状符号。线状符号只表示线状物体的长度和中心位置，不表示地物宽度，符号的中心线表示线状物体的中心位置。

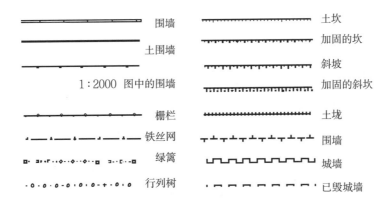

图 15 - 7 半比例符号

（二）地貌符号

> 地貌按其起伏变化的程度分为：平地、丘陵地、山地、高山地。

表 15-1 地貌的分类

地貌形态	地面倾角
平地	2°以下
丘陵地	2°～6°
山地	6°～25°
高山地	25°以上

地形图上表示地貌的方法有多种，目前最常用的是等高线法。对峭壁、冲沟、梯田等特殊地形，不便用等高线表示时，则绘注相应的符号。

（三）注记符号

有些地物除了用相应的符号表示外，对于地物的性质、名称等在图上还需要用文字和数字或特定的符号对地物加以说明或补充。如房屋的结构和层数、地名、路名、单位名、等高线高程和散点高程以及河流的水深、流速等。

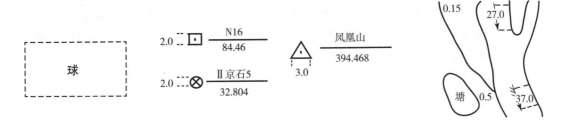

图 15 - 8 注记符号

（四）地形图图式的作用

地形图图式是地形图制图学的重要组成部分。它的作用有：

（1）有助于"去粗取精"地把地表上最重要的信息反映到图上去；

（2）有助于在有限的图面上多反映一些信息；

（3）有助于读图；

（4）有助于美化图面。

五、等高线

（一）等高线的定义

等高线是地面上高程相等的相邻各点所连的闭合曲线。水面静止的湖泊和池塘的水边线，实际上就是一条闭合的等高线。

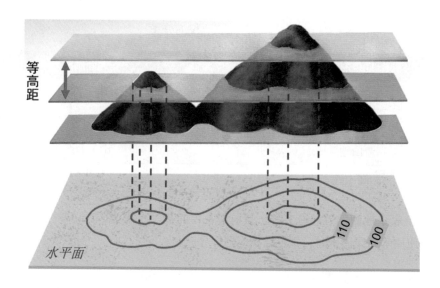

图 15 - 9　等高线

（二）等高距、等高线平距、地面坡度

等高距就是相邻等高线之间的高差，也称等高线间隔。一般用 h 表示。在同一幅地形图上，各处的等高距应当相同。一般按图的比例尺和测区的地形类别选择基本等高距 h 的值。等高线平距指相邻等高线之间的水平距离，一般用 d 表示。等高线平距 d 随地面坡度变化而变化。h 与 d 的比值就是地面坡度 i：

$$i = \frac{h}{d}$$

i 大，等高线密，山陡；反之，i 小，等高线稀，山平缓。坡度一般以百分率表示，向上为正，向下为负。例如 $i = +5\%$，或 $i = -2\%$。

（三）典型地貌的等高线

1. 山头和洼地

山头与洼地的等高线都是一组闭合曲线，但它们的高程注记不同。内圈等高线的高程注记大于外圈者为山头；反之，小于外圈者为洼地。也可以用坡线表示山头或洼地。示坡线是垂直于等高线的短线，用以指示坡度下降的方向。

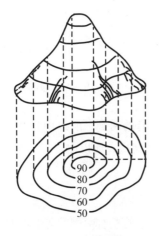

图 15－10　山头等高线

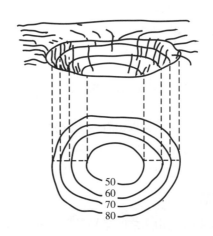

图 15－11　洼地等高线

2. 山脊和山谷

山的最高部分为山顶，有尖顶、圆顶、平顶等形态，尖峭的山顶叫山峰。山顶向一个方向延伸的凸棱部分称为山脊。山脊的最高点连线称为山脊线。山脊等高线表现为一组凸向低处的曲线。相邻山脊之间的凹部是山谷。山谷中最低点的连线称为山谷线，山谷等高线表现为一组凸向高处的曲线。

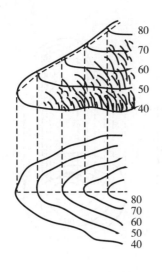

图 15－12　山脊等高线

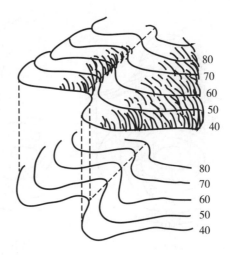

图 15－13　山谷等高线

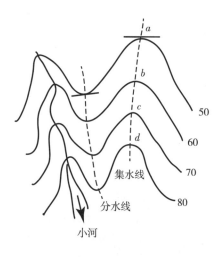

图 15 - 14 分水线和集水线

图 15 - 15 鞍部

在山脊上，雨水会以山脊线为分界线而流向山脊的两侧，所以山脊线又称为分水线。在山谷中，雨水由两侧山坡汇集到谷底，然后沿山谷线流出，所以山谷线又称为集水线。山脊线和山谷线合称为地性线。

3. 鞍部

鞍部是相邻两山头之间呈马鞍形的低凹部位。它的左右两侧的等高线是对称的两组山脊线和两组山谷线。鞍部等高线的特点是在一圈大的闭合曲线内，套有两组小的闭合曲线。两个山头之间是鞍部，鞍部又是两个山谷的源头。

4. 陡崖和悬崖

陡崖是坡度在 70° 以上或为 90° 的陡峭崖壁，若用等高线表示将非常密集或重合为一条线，因此采用陡崖符号来表示，如图 15-16（a）、（b）所示。悬崖是上部突出，下部凹进的陡崖。上部的等高线投影到水平面时，与下部的等高线相交，下部凹进的等高线用虚线表示，如图（c）所示。

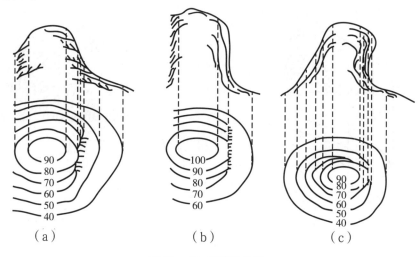

（a）　　　　　　　　（b）　　　　　　　　（c）

图 15 - 16 陡崖和悬崖

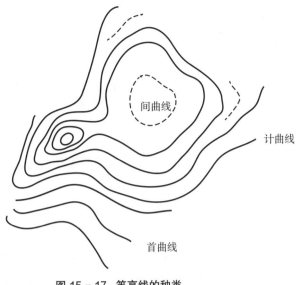

间曲线

计曲线

首曲线

图 15 - 17 等高线的种类

（四）等高线的分类

（1）首曲线：又称基本等高线，按基本等高距测绘的等高线。

（2）计曲线：又称加粗等高线，每隔四条首曲线加粗描绘一根等高线。

（3）间曲线：又称半距等高线，按 1/2 基本等高距测绘的等高线，以便显示首曲线不能显示的地貌特征。

（4）助曲线：如采用了间曲线仍不能表示较小的地貌特征时，则应当在首曲线和间曲线间加绘助曲线。其等高距为基本等高距的 1/4，一般用短虚线表示。

（五）等高线的特性

（1）同一条等高线上各点的高程都相同；（等高）

（2）等高线是闭合曲线，如果不在本幅图内闭合，则必在图外闭合；（闭合）

（3）除在悬崖和绝壁处外，等高线在图上不能相交，也不能重合；（不相交）

（4）等高线平距小表示坡度陡，平距大表示坡度缓，平距相同表示坡度相等；（稀缓密陡）

（5）等高线与山脊线、山谷线成正交。（正交）

数字化测图

一、数字化测图的概述

随着电子技术和计算机技术日新月异地发展及其在测绘领域的广泛应用，20 世纪 80 年代产生了电子速测仪、电子数据终端，并逐步构成了野外数据采集系统。将其与内外业机助制图系统结合，形成了一套从野外数据采集到内业制图全过程的、实现数字化和自动化的测图系统，通常称为数字化测图或机助成图。广义的数字化测图主要包括：全野外数字化测图、地图数字化成图、摄影测量和遥感数字化测图。在实际工作中，大比例尺数字化测图主要指野外实地测量即全野外数字化测图。

传统的地形测图（白纸测图）是将测得的观测值用图解的方法转化为图形，这一转化过程几乎都是在野外实现的，即使是原图的室内整饰一般也要在测区驻地完成。另外白纸测图一纸难载诸多图形信息，变更修改也极不方便，实在难以适应当前经济建设的需要。数字化测图则不同，它希望尽可能缩短野外的作业时间，减轻野外的劳动强度，将大量的手工操作转化为计算机控制下的机械操作，不仅减轻了劳动强度，而且不会损失应有的观测精度。

（一）数字化测图的基本过程

先采集有关的绘图信息并及时记录在数据终端，再在室内通过数据接口将采集的数据传输给电子计算机，并由计算机对数据进行处理，然后经过人机交互的屏幕编辑，形成绘图数据文件，最后由计算机控制绘图仪自动绘制所需的地形图，并由硬盘、光盘等存储介质保存成电子地图。

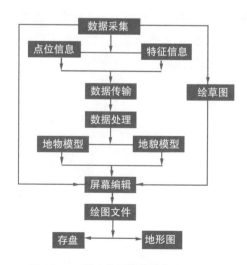

图 16 - 1　数字化测图的基本流程

（二）数字化测图采集的测图信息

1. 地图图形的描述

所有地图图形都可以分解为点、线、面三种图形要素。其中，点是最基本的图形要素，这是因为一组有序的点可以连成线，而线可以围成面。但要准确地表示地图上点、线、面的具体内容，还要借助一些特殊符号、注记来表示。独立地物可以由地物定位点及其符号表示，线状地物、面状地物由各种线划、符号或注记表示，而等高线则由高程值及特定的地貌符号表达。

2. 测量的基本工作是测定点位

传统方法是用仪器测得点的三维坐标，或者测量水平角、竖直角及距离来确定点位，然后绘图员按坐标或角度与距离将点展绘到图纸上。跑尺员根据实际地形向绘图员报告测得是什么点（房角点），这个（房角）点应该与哪个（房角）点连接等，绘图员则当场依据展绘的点位按图式符号将地物（房屋）描绘出来，就这样一点一点地测绘，一幅地形图也就生成了。

数字化测图时必须采集测图信息，包括点的定位信息、连接信息和属性信息。进行数字化测图时不仅要测定地形点的位置（坐标），还要知道是什么点，是属于道路还是房屋，当场记下该测点的编码和连接信息，显示成图时，利用测图系统中的图式符号库，只要知道编码，就可以从库中调出与该编码对应的图式符号成图。

（三）数字化测图的优点

数字化测图技术的发展改变了人们对地形图本质、地形图功能、成图方法以及成图工艺等诸多方面的认识，为地形图制图领域带来了新的生机。从应用角度来看，数字化测图技术与传统测图技术相比较，在以下几个方面具有明显优势。

1. 点位精度高

传统的测图技术以光学仪器和视距测量方法为基础，且控制测量采用从整体到局部、逐级布设的原则，等级过多造成精度损失，手工绘图的精度很难高于图上 0.2mm，这些都在不同程度上限制了地形图的精度。数字化测图技术则不然，当采用草图法数字测记模式作业时，全部碎部点均用全站仪或者 GPS 测量，控制层次也相对减少，其成图精度比传统成图方法要高许多。另外，由于数字地形图产品不存在图纸变形，用绘图仪输出的纸质地形图图面精度也高于传统成图方法得到的地形图产品。

2. 自动化程度高、劳动强度较小

在传统测图技术中，地形原图必须在野外手工绘制。数字化测图技术将成图这一繁琐的工作转到室内，在计算机上以人机交互的方式绘制地形图，部分工作可由计算机自动完成。当采用全站仪或者 GPS 观测碎部点时，观测可以在很大范围内进行，从而减少了搬站工作。另外，电子测量仪器用内存或电子记录手簿储存测量数据，可以省却测站记录工作。所有这些都在不同程度上减轻了测绘工作者的劳动强度。

3. 便于成果更新

数字化测图工作得到的是数字地形图以某种格式存放的地形图数据文件。其调用、显示都十分方便。一般数字化成图软件都具有"图形编辑"功能，例如"增加"、"删除"、"修

改"等，这些功能都能充分满足地形图修测和补测的要求。利用这些功能进行原有数字化地形图的修、补测是十分方便的。

4. 便于保存与管理

数字地形图产品也没有纸质地形图产品保存过程中的霉烂、变形等问题。数字地形图产品易于复制，这也给保存的安全性提供了可靠的保证。数字地形图产品不仅便于保存，而且管理也十分方便。目前，已有不少专用软件实现了数字地形图的计算机管理，将数字化成图与数字地形图的管理功能集成在一起，使用极其方便。

5. 便于应用

地形图测绘是测绘工作的一项基础性工作，它的主要目的是为工程设计、规划或各级国土信息管理部门提供基础信息，目前，随着计算机应用的日益普及，工程设计与规划部门大都采用了计算机辅助设计系统，这些系统部要求采用数字化地形图作为规划设计的工作底图。目前在各个行业与地理有关的信息管理，正在迅速发展和使用 GIS 技术，数字地形图产品可以是GIS 的一种理想的数据源。

6. 易于发布和实现远程传输

对于传统地形图来说，发布和远程传输是难以实现的。然而，对于数字地形图产品，随着网络技术和通信技术的不断发展以及网上地形图发布系统的逐步完善，通过计算机网络实现地形图产品的实时发布和远程传输已经是非常容易实现的事情。

二、全野外数字化测图

（一）图根控制测量

图根控制测量主要是在测区高级控制点密度满足不了大比例尺数字测图需求时，适当加密布设而成。图根控制测量主要包括平面控制测量和高程控制测量。平面控制测量确定图根点的平面坐标，高程控制测量确定图根控制点的高程。

1. 图根控制网

工程建设常常需要大比例尺地形图，为了满足测绘地形图的需要，必须在首级控制网的基础上对控制点进一步加密，控制网可采用导线、小三角、交会法等形式。控制网可以附和于国家高级控制点上，形成统一坐标系统，也可以布设成独立控制网，采用假定坐标系统。

2. 图根控制点的密度

图根控制点的个数根据测区地形和测图比例尺确定。如平坦开阔地区一般测图控制点密度为：当测图比例尺为 1 : 2000 时，图根点数目不少于 4 个 /km²；当测图比例尺为 1 : 1000 时，图根点数目不少于 16 个 /km²；当测图比例尺为 1 : 500，图根点数目不少于 64 个 /km²。

（二）野外数据采集

野外数据采集主要有以下几种方法：

① GPS 法，即通过 GPS 接受机采集野外碎部点的信息数据；

② 航测法，航空摄影测量和遥感手段采集地形点的信息数据；

③ 大地测量仪器法，即通过全站仪、测距仪、经纬仪等大地测量仪器实现碎部点野外数据采集。

野外数据的采集的作业模式取决于使用仪器和数据的记录方式。目前野外数据采集有两种模式：草图法数字测记模式和电子平板测绘模式。

（1）草图法数字测记模式

由外业电子手簿记录，同时配合人工画草图和标注符号，然后交由内业，依据草图人工编辑图形文件，自动成图。具体操作中一般是使用带内存的全站仪或者 GPS RTK，将野外采集的数据记录在内存中，同时配画标注测点的工作草图，到室内把数据传输到计算机上，结合工作草图利用数字化成图软件对数据进行处理，再经人机交互编辑形成数字化地图。这种模式又分为有码作业和无码作业两种方式。

有码作业是用约定的编码表示地形实体的地理属性和测点的连接关系，野外测量时，除将碎部点的坐标记录入全站仪或者 GPS RTK 的内存中，同时还需将对应的编码人工输入到仪器内存中，最后与测量数据一起传入计算机，数字化成图软件通过对编码的处理就能自动生成数字地形图。

无码作业是用草图来描述测点的连接关系和实体的地理属性，野外测图时，仅将碎部点的坐标和点号数据记录入全站仪或 GPS RTK 的内存中，在工作草图上绘制相应的比较详尽的测点点号、测点间的连接关系和地物实体的属性，在内业工作中，再将草图上的信息与内存中的测量数据传入计算机进行联合处理。

无码作业采集数据方便、可靠，是目前大多数数字化测图系统和作业单位的首选作业方式。

（2）电子平板测绘模式

电子平板通常是指安装有数字化测图软件的便携式计算机。电子平板测绘模式是在野外直接将全站仪或 GPS RTK 与电子平板连接在一起，测量数据实时传入到电子平板中，现场加入地理属性和连接关系后直接成图。电子平板测绘模式实现了数据采集、数据处理、图形编辑现场同步完成。

（三）碎部点的选择

碎部点是地物特征点和地貌特征点的总称。碎部测量就是测定碎部点的平面位置和高程并按测图比例尺缩绘在图纸上的工作。

1. 地物的特征点的选择

地物特征点：指决定地物形状的地物轮廓线上的转折点、交叉点、弯曲点及独立地物的中心点等。如房角点、道路转折点、交叉点、河岸线转弯点等。

（1）地物测绘的要求

① 测定地物形状的特征点（拐点）。

② 一般规定：主要地物凹凸部分在图上大于 0.4mm 均要表示出来，小于 0.4mm，可以用直线连接。

③ 依比例表示的地物，将其正射投影位置的几何形状相似地描绘在图上，或将其边界位置表示在图上，边界内绘上相应符号；

④ 不能依比例表示的地物，在图上以相应的地物符号表示在地物中心位置；

⑤ 根据规定的比例尺，按规范和图式的要求综合取舍；

（2）居民地测绘

① 测图比例尺不同，综合取舍不一样；

② 外围轮廓准确测绘，内部主要街道及较大的空地应区分出来；

③ 散列式居民地、独立房屋应分别测绘；

④ 一般只测绘房屋的三个角或相邻的两角顶并量取房屋宽度。

（3）道路测绘

铁路：标尺应立于中心线上，直线立尺稀，曲线立尺密；附属物按实际位置测定。

公路：一律按实际位置测绘。立尺位置：中心、两侧、一侧实量宽度。转弯、交叉处尺点密，附属物实测。大车路立尺于道中心，按图式绘制。小路视其重要程度综合取舍，弯曲程度综合取舍，与田埂重合不绘田埂。

（4）管线的测绘

架空管线转折处的支架塔柱实测，直线部分用档距长度图解确定；塔柱上有变压器时其位置按其与塔柱的相应位置绘制；电线和管道按符号绘制。

（5）水系的测绘

无特殊要求时均以岸边为界，如要求测水涯线、洪水位、平水位，按要求在调查研究的基础上测绘。河岸在保证精度的前提下，小的弯曲、岸边不甚明显地段适当取舍。单线表示的小沟只测中心位置；渠道两岸有堤可参照公路的测法，田间临时小渠不必测绘。湖泊边界如不明显，可视具体情况确定湖岸或水涯线。

（6）植被的测绘

测绘边界，用地类界符号表示范围，加植被符号和说明。地类界与道路、河流、栏栅等重合时不绘地类界，与境界线、高压线等重合应移位绘地类界。行树两端实测，中间配置。

2. 地貌特征点的选择

地貌特征点指的是方向变化和坡度变化的位置。主要应选测最能反映地貌特征的山脊线和山谷等特征线上，如山顶、山脊、山谷、鞍部等坡度变化处。

（四）数据处理

数据处理阶段是指数据采集以后到图形输出之前对图形数据的各种处理。数据处理主要包括数据传输、数据预处理、数据转换、数据计算、图形生成、图形编辑与整饰、图形信息的管理与应用等。经过数据处理后，可产生平面图形数据文件和数字地面模型文件。

1. Cass 软件的简介

CASS 地形地籍成图软件是广州南方测绘仪器公司基于 AutoCAD 平台推出的数字化测绘成图系统。该系统操作简便、功能强大。成果格式兼容性强，被广泛应用于地形成图、地籍成图、工程测量应用、空间数据建库等领域，全面面向 GIS，彻底打通数字化成图系统与 GIS 接口，使用骨架线实时编辑、简码用户化、GIS 无缝接口等先进技术。自 CASS 软件推出以来，已经成长成为用户量最大、升级最快、服务最好的主流成图系统。

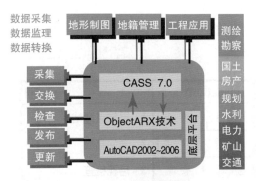

图 16-2　Cass 的技术框架

图 16-3　Cass 软件的主界面

2. 地形图的绘制流程

利用 CASS 软件绘地形图流程如图所示。

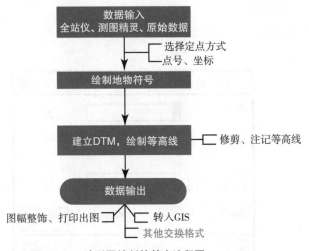

图 16-4　地形图绘制的基本流程图

3. 全站仪数据采集

全站仪数据采集主要是通过全站仪坐标测量功能完成的，本书以南方 NTS-342 全站仪为例进行介绍坐标测量的具体操作流程。

（1）全站仪坐标测量

建站：在进行坐标测量前要进行已知点建站的工作。具体操作如下图。

开机后进入主界面，点击"建站"，然后右侧点击"已知点建站"

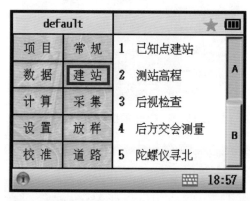

通过已知点进行后视的设置，设置后视有两种方式，一种是通过已知的后视点，一种是通过已知的后视方位角。

已知后视点定向：通过直接输入后视点坐标来设置后视。

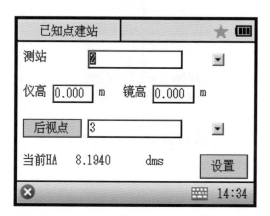

● 测站：输入已知测站点的名称，通过 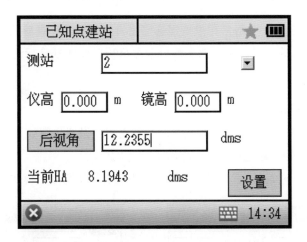 可以调用或新建一个已知点做为测站点。

● 仪高：输入当前的仪器高。

● 镜高：输入当前的棱镜高。

● 后视点：输入已知后视点的名称，通过可以调用或新建一个已知点做为后视点。

● 设置：根据当前的输入对后视角度进行设置，如果前面的输入不满足计算或设置要求，将会给出提示。

已知后视方位角定向：通过直接输入后视角度来设置后视

● 后视角：输入后视角度值

4. RTK 数据采集（以南方测绘银河 1 为例）

图 16－4　RTK-- 南方银河 1

（1）架设基准站

基准站一定要架设在视野比较开阔，周围环境比较空旷的地方，地势比较高的地方；避免架在高压输变电设备附近、无线电通讯设备收发天线旁边、树下以及水边，这些都对 GPS 信号的接收以及无线电信号的发射产生不同程度的影响。

①将接收机设置为基准站外置模式；

②架好三脚架，放电台天线的三脚架最好放到高一些的位置，两个三脚架之间保持至少

三米的距离；

③ 固定好机座和基准站接收机（如果架在已知点上，要做严格的对中整平），打开基准站接收机；

④ 安装好电台发射天线，把电台挂在三脚架上，将蓄电池放在电台的下方；

⑤ 用多用途电缆线连接好电台、主机和蓄电池。多用途电缆是一条"Y"形的连接线，是用来连接基准站主机（五针红色插口），发射电台（黑色插口）和外挂蓄电池（红黑色夹子）。具有供电，数据传输的作用。

> **重要提示：在使用 Y 形多用途电缆连接主机的时候注意查看五针红色插口上标有红色小点，在插入主机的时候，将红色小点对准主机接口处的红色标记即可轻松插入。连接电台一端的时候同样的操作。**

（2）启动基准站

第一次启动基准站时，需要对启动参数进行设置，设置步骤如下：

① 使用手簿上的工程之星连接基准站（参见2.2）。

② 操作：配置→仪器设置→基准站设置（主机必须是基准站模式）。

图 16-5 基站设置界面   图 16-6 基站启动成功

③ 对基站参数进行设置。一般的基站参数设置只需设置差分格式就可以，其他使用默认参数。设置完成后点击右边的 ⚙，基站就设置完成了（见图16-5）。

④ 保存好设置参数后，点击"启动基站"，一般来说基站都是任意架设的，发射坐标是不需要自己输的（见图16-6）。

> **注意：第一次启动基站成功后，以后作业如果不改变配置可直接打开基准站主机即可自动启动。**

⑤ 设置电台通道。

图 16 - 7 移动站设置

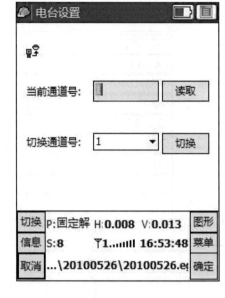

图 16 - 8 通道设置

在外挂电台的面板上对电台通道进行设置。

① 设置电台通道，共有 8 个频道可供选择；

② 设置电台功率，作业距离不够远，干扰低时，选择低功率发射即可；

③ 电台成功发射了，其 TX 指示灯会按发射间隔闪烁。

（3）架设移动站

确认基准站发射成功后，即可开始移动站的架设。步骤如下：

① 将接收机设置为移动站电台模式；

② 打开移动站主机，将其并固定在碳纤对中杆上面，拧上 UHF 差分天线；

③ 安装好手簿托架和手簿。

（4）设置移动站：移动站架设好后需要对移动站进行设置才能达到固定解状态，步骤如下：

① 手簿及工程之星连接；

② 移动站设置：配置→仪器设置→移动站设置（主机必须是移动站模式）；

③ 对移动站参数进行设置，一般只需要设置差分数据格式的设置，选择与基准站一致的差分数据格式即可，确定后回到主界面（见图 16-7）；

④ 通道设置：配置→仪器设置→电台通道设置，将电台通道切换为与基准站电台一致的通道号，如图 16-8 所示。

设置完毕，移动站达到固定解后，即可在手簿上看到高精度的坐标。后续的新建工程、求转换参数操作请参考另一本说明书《工程之星 3.0 用户手册》

（5）RTK 作业（网络模式）

RTK 网络模式的与电台模式的主要区别是采用的网络方式传输差分数据。因此在架设上与电台模式类似，工程之星的设置上区别较大，下面分别予以介绍。

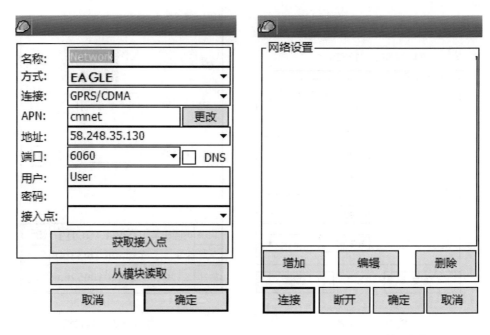

图 16 - 9 网络设置界面   图 16 - 10 网络配置界面

1）网络基准站和移动站的架设

RTK 网络模式与电台模式只是传输方式上的不同，因此架设方式类似，区别在于：

① 基准站切换为基准站网络模式，无需架设电台，需要安装 GPRS 差分天线。

② 移动站切换为移动站网络模式，且安装 GPRS 差分天线。

2）网络基准站和移动站的设置

RTK 网络模式基准站和移动站的设置完全相同，先设置基准站，再设置移动站即可。设置步骤如下：

① 设置：配置→网络设置；

② 此时需要新增加网络链接，点击"增加"进入设置界面（见图 16-9）。

> 注："从模块读取"功能，是用来读取系统保存的上次接收机使用"网络连接"设置的信息，点击读取成功后，会将上次的信息填写到输入栏。

③ 依次输入相应的网络配置信息、基准站选择"EAGLE"方式，接入点输入机号或自定义（图 16 - 10）。

④ 设置完后，点击"确 定"。此时进入参数配置阶段。然后再点击"确定"，返回网络配置界面（图 16 - 11）。

⑤ 连接：主机会根据程序步骤一步一步的进行拨号链接，下面的对话分别会显示连接的进度和当前进行到的步骤的文字说明（账号密码错误或是卡欠费等错误信息都可以在此处显示出来）。连接成功点"确定"，进入到工程之星初始界面注：移动站连接连续运行参考站（CORS）的方法与网络 RTK 类似，区别在于方式选择"VRS-NTRIP"，具体连接过程请参考另外一本说明书《工程之星 3.0 用户手册》。

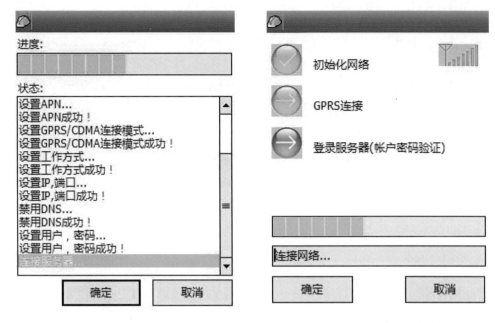

图 16 - 11 设置界面   图 16 - 12 拨号链接界面

（6）天线高量取方式

静态作业、RTK 作业都涉及到天线高的量取，下面分别予以介绍。

天线高是相位中心到地面测量点的垂直高，动态模式天线高的量测方法有杆高、直高和斜高三种量取方式。

① 杆高：地面到对中杆高度（地面点到仪器底部），可以从杆上刻度读取

② 直高：地面点到天线相位中心的高度。其值等于地面点到主机底部的垂直高度 + 天线相位中心到主机底部的高度

③ 斜高：测到测高片上沿，在手簿软件中选择天线高模式为斜高后输入数值

静态的天线高量测：只需从测点量测到主机上的测高片上沿，内业导入数据时在后处理软件中天线高量取方式选择"测高片"即可。

参考文献

REFERENCES

［1］郑智华，黄小兵.工程测量员——国家职业技能培训与鉴定教程初级、中级［M］.湘潭：湘潭大学出版社，2012.

［2］曹毅.工程测量［M］.北京：中国铁道出版社,2008.

［3］中国有色金属工业协会.工程测量（GB50026—2007）［S］.北京：中国计划出版社，2008.

［4］傅为华，王桔林，刘敏.建筑工程测量与实训［M］.武汉：华中科技大学出版社，2019.

［5］李井永，张立柱，付丽文，孙会丽.工程测量［M］.北京：清华大学出版社，2014.

［6］张超群.建筑工程测量［M］.哈尔滨：哈尔滨工业大学出版社，2018.

［7］覃辉.土木工程测量［M］.上海：同济大学出版社，2005.

［8］李强，余培杰，郑现菊.工程测量［M］.长春：东北师范大学出版社，2013.

［9］陈丽华.土木工程测量［M］.杭州：浙江大学出版社，2002.

［10］张博.工程测量技术［M］.武汉：武汉大学出版社，2019.

［11］张博.工程测量技术实训［M］.武汉：武汉大学出版社，2019.

［12］田林亚，岳建平，梅红.工程控制测量［M］.武汉：武汉大学出版社，2018.

［13］王桔林.工程测量实训报告及指导书M］.长春：东北师范大学出版社，2013.

水准仪的使用实训

一、实训任务

1. 对 S3 自动安平水准仪和水准尺进行观察、安置并读取 4 ~ 6 次读数；

2. 根据水准测量的原理，完成两点间高差的测量。

二、仪器工具

1. 每 3 ~ 4 人一组；

2. S3 自动安平水准仪 1 台，双面水准尺 1 对。

三、方法步骤

1. 教师讲解 S3 自平仪的正确使用方法并示范；

2. 教师介绍水准尺及读数方法；

3. 学生依次完成下列工作：

（1）整平：转动三个脚螺旋，使圆水准气泡居中；

（2）目镜对光：使十字丝清晰明亮；

（3）粗瞄：借助准星实现；

（4）物镜对光：使水准尺成像最清晰；

（5）精瞄：转动微动螺旋，使尺像位于视场中央；

（6）检查并消除视差；

（7）读数：直读米、分米、厘米，估读至毫米位。

4. 依次立尺于若干点上，读取各处的读数并记入手簿相应栏内，直接计算相邻两点间的高差，依据给定点的高程间接推算各立尺点的高程。

四、注意事项

1. 安置仪器时，注意脚架高度应与观测者身高相适应，架头应大致水平，仪器安置稳妥后方可进行下一步操作；

2.整平仪器时，注意脚螺旋转动方向与圆水准气泡移动方向之间的规律，以提高效率；

3.照准目标时，注意望远镜的正确使用，应特别注意检查并消除视差；

4.记录、计算应正确、清晰、工整。

五、应交资料

完整的观测记录计算资料一份，完成实训报告。

实训报告 水准仪的使用

1.水准仪的认识

时间：　　　　　　天气：　　　　　　观测：　　　　　　记录：

测点	水准尺黑面读数	水准尺红面读数

2.水准测量的方法

时间：　　　　　　天气：　　　　　　观测：　　　　　　记录：

测点	后视读数 a	前视读数 b	高差 h	高程 H

工程测量基础

线路水准测量实训

一、实训任务

对一条水准路线进行完整的观测、记录和计算，并完成成果计算。

二、仪器工具

1. 每 3 ~ 4 人一组；

2. S3 自动安平水准仪 1 台，水准尺 1 对，尺垫 2 块。

三、方法步骤

1. 给定若干个已知点和若干个未知点，选定一条闭合或附合水准路线；

2. 从给定的已知点出发，按照水准测量进行的方法，依次测至各个未知点，最后再测回至该已知点（或附合到另外一个已知点上）；

3. 测站上的观测、记录、计算及其检核的程序正确；

4. 观测工作结束后，应进行成果检核：各测段高差之总和即为高差闭合差 fh。根据水准路线总测站数计算高差闭合差容许值 $f_{h容}$。二者比较，判断观测是否达到精度；

5. 若观测达到精度，则在水准测量成果计算表中完成内业计算。

四、注意事项

1. 照准目标应检查并消除视差；

2. 前、后视距离应大致相等（立尺员可用步测）；

3. 最大视线长度不大于 150m；

4. 最小尺读数不小于 0.3m；

5. 在已知点和未知点上立尺时不得安放尺垫；

6. 在转点上立尺，应立于尺垫半球形顶面的最高处；

7. 立尺要直，水准尺上若带有圆水准器，应使其气泡居中；若无圆水准器，则应摇尺，并截取最小读数；

8. 水准仪和尺垫应安置稳妥；

9. 一个转点上，读完前视到读取后视的过程中，不得改变其尺垫的位置；

10. 成果检核通过方可进行数据处理；否则，应及时进行返工。

五、应交资料

每人完成一条闭合或附合水准路线的观测，内业计算，并上交实训报告。

实训报告 线路水准测量

1.线路水准测量记录

时间： 天气： 观测： 记录：

测点	后视读数 a	前视读数 b	高差 h	高程 H
Σ				
计算检核				

2. 水准测量成果计算

点号	路线长测站数	实测高差 h_i/m	改正数 v_i/m	改正高差 $h_{改}$/m	高程 H/m	备注
Σ						
成果检核						

全站仪测量水平角实训

一、实训任务

用全站仪使用测回法和方向观测法完成水平角观测。

二、准备工作

1.人员安排

每 3 ~ 4 人一组。

2.从仪器室借领

每组配备全站仪 1 台，棱镜组 2 个，脚架 3 个，木桩，锤子，钉子。

3.自备工具

铅笔、小刀、尺子及记录表格。

三、方法和步骤

（一）初步对中

1.光学对中器中观察对中器黑色分划圈和测站点的成像，若不清晰，可以通过目镜调焦螺旋使分划圈调清晰，通过物镜调焦使地面控制点成像调清楚。固定三脚架的一条腿，使脚架中心铅垂可以看到测站点，然后两手分别握住三脚架另外两条腿前后移动或左右转动，同时从光学对中器中观察，使对中器对准测站点。

2.激光对点器是可用通过仪器快捷键或者星号键打开，调节激光对点器的清晰度。把脚架基本架设在控制点上，使脚架中心铅垂与控制点，并且保证脚架基本稳定和水平。

（二）初步整平

整平的目的是使仪器的竖轴垂直，若三脚架的顶面倾斜较大，可将两手拿住的两条腿作张开、回收的动作，使三脚架的顶面大致水平。当地面松软时，可用脚将三脚架的三支脚踩实，若破坏了上述操作的结果，可调节三支脚架腿的伸缩连接部位受到破坏的状态复原，同时使圆水准器气泡居中。根据气泡偏离情况，分别通过伸长和缩短三脚架，使圆水准器居中。

（三）精确整平

1.选转动仪器使用水准管平行两个角螺旋的连线，然后同时相反或相对转动这两个脚螺旋，使气泡居中，气泡移动的方向与左手大拇指移动的方向一致；再将仪器转90°，置水准管的位置，转动第三脚螺旋，使气泡居中。按上述反复进行，直到仪器旋转到任何位置，水准管气泡偏离零点不超过一格。

2.通过快捷键打开电子水泡，在仪器大致水平之后，通过三个脚螺旋精密的调节电子水泡。

（四）精确对中

首先通过光学对点器观察是否大致对中，若对中偏移大的情况下必须重复粗中，粗平操作，直到大致对中之后，稍微放松连接螺旋，平移全站仪基座，使光学对点器或激光对点器精确对准测站点。精准整平和精确对中应反复进行，直到对中和整平均达到要求为止。

（五）瞄准

瞄准就是用望远镜十字丝的交点精确对准目标。具体操作如下：

1.松开全站仪望远镜制动螺旋；

2.调节望远镜粗瞄准器大致对准目标，再调节目镜调焦螺旋使黑色十字丝清楚，调节物镜调焦螺旋看清目标；

3.瞄准时，通过人眼上下移动检查是否有视差，可以通过反复调节目镜调焦和物镜调焦减小视差。然后通过水平微调螺旋和竖直微调螺旋使十字丝精确对准目标。

（六）观测

1.按测回法对一个水平角进行两个测回的观测。

2.按方向观测法对4～6个目标点进行两个测回的观测。

四、注意事项

1.仪器安置稳妥，观测过程中不可触动三脚架；

2.观测过程中，水准管气泡偏移不得超过1格。测回间允许重新整平，测回中不得重新整平；

3.各测回盘左照准左方目标时，应按规定配置平盘读数；

4.盘左顺时针方向转动照准部，盘右逆时针方向转动照准部；半测回内，不得反向转动照准部。

实训报告

1. 测回法观测水平角

测站	目标	盘位	水平度盘读数	半测回角值	一测回角值	平均角值	备注
			° ′ ″	° ′ ″	° ′ ″	° ′ ″	

2. 方向观测法观测水平角

测回序数	测站	目标	水平度盘读数		2C	平均方向值	归零方向值	各测回归零方向值之平均值
			盘左	盘右				
			° ′ ″	° ′ ″	″	° ′ ″	° ′ ″	° ′ ″

全站仪导线测量实训

一、实训任务

完成一个附合导线或闭合导线测量，由教师在实训场地指定点位，每个小组完成附合导线或闭合导线一组数据，并完成内业计算。

二、目标

1. 具备利用全站仪测量附合导线、闭合导线的能力。

2. 具备完成团队工作的协作能力。

三、准备工作

仪器工具、文具：全站仪 1 台、带对中装置的棱镜 2 个、脚架 3 副、记录板 1 块、记录表格两张、铅笔 2 支。

人员：四人小组，一人司镜、两人安置棱镜、一人记录。

四、注意事项

1. 全站仪及棱镜首次对中整平后，转 180° 检查对中整平情况，防止仪器问题导致测量成果不合格。

2. 防止脚架架设过窄致使仪器摔倒。

3. 单角测量结束，计算合格后方可迁站。

　　工程测量基础

实训报告

1. 导线测量外业观测

年：　　　月：　　　日：　　　天气：　　　观测：　　　记录：　　　复核：

测站	盘位	目标	水平度盘读数 ° ′ ″	半测回角值 ° ′ ″	一测回平均值 ° ′ ″	水平距离 m

2. 导线测量成果计算

导线内业计算表

点号	观测角	改正数	改正后角	坐标方位角	距离	坐标增量		改正后坐标增量		坐标	
						Δx	Δy	Δx	Δy	x	y
	° ′ ″	′	° ′ ″	° ′ ″	m	m	m	m	m	m	m
Σ											
辅助计算											

四等水准测量实训

一、实训任务

完成一条闭合水准路线的四等水准测量的观测、记录、计算和成果检核。

二、仪器工具

1.每3～4人一组；

2.S3自动安平水准仪1台，双面水准尺1对，尺垫2块。

三、方法步骤

1.教师指定一条闭合水准路线，其长度以安置6～8个测站为宜。

2.在起点与第一个转点上分别立尺，然后在两立尺点之间设站，安置好水准仪后，按以下顺序进行观测：

① 照准后视尺黑面，分别读取上、下、中三丝读数，记入记录表（1）、（2）、（3）栏内。

②照准后视尺红面，读取中丝读数，记入记录表（4）栏内。

③ 照准前视尺黑面，分别读取上、下、中三丝读数，记入记录表（5）、（6）、（7）栏内。

④ 照准前视尺红面，读取中丝读数，记入记录表（8）栏内。

3.测站的检核计算

①计算后、前视距，填入记录表（9）、（10）栏内。

$$(9)=[(1)-(2)]\times 0.1 \leqslant 100m$$

$$(10)=[(5)-(6)]\times 0.1 \leqslant 100m$$

②计算后、前视距差，填入记录表（11）栏内。

$$(11)=(9)-(10) \leqslant \pm 5.0m$$

③计算前后视距累积差，填入记录表（12）栏内。

$$(12)=上(12)+本(11) \leqslant \pm 10.0m$$

④计算同一水准尺黑、红面读数读数差，填入记录表（13）、（14）栏内。

$$(13)=(3)-(4)+K \leqslant \pm 3mm$$

$$(14)=(7)-(8)+K \leqslant \pm 3mm$$

⑤计算黑、红面所测高差，填入记录表（15）、（16）栏内。

（15）=（3）-（7）

（16）=（4）-（8）

⑥计算黑、红面高差之差，填入记录表（17）栏内。

（17）=（13）-（14）≤ ±5mm

⑦计算高差平均值，填入记录表（18）栏内。

（18）= ［（15）+（16）±100］／ 2

4.用同样的方法依次施测其它各站。

5.各站观测和验算完后进行路线总验算，以衡量观测精度。其验算方法如下：

高差检核：∑（15）+∑（16）=2∑（18）

末站视距累积差：末站（12）=∑（9）-∑（10）

水准路线总长：L=∑（9）+∑（10）

高差闭合差：f_h=∑（18）

高差闭合差的容许值：

式中：L——以公里为单位的水准路线长度；

n——该路线总的测站数。

如果$f_h ≤ f_{h容}$，则可以进行高差闭合差调整，若$f_h > f_{h容}$，则应立即重测该水准路线。

四、注意事项

1.每站观测结束后应立即进行计算、检核，若有超限则重新设站观测。全路线观测并计算完毕，且各项检核均已符合，路线闭合差也在限差之内，方可收测。

2.注意区别上、下视距丝和中丝读数，并记入记录表相应的顺序栏内。

3.四等水准测量作业的集体性很强，全组人员一定要相互合作,密切配合。

4.严禁为了快出成果而转抄、涂改原始数据。记录数据要用铅笔，字迹要工整、清洁。

五、应交资料

实训报告

实训报告四等水准测量

日期：　　　年：　　　月：　　　日：　　　　　天气：　　　　　仪器：

观测：　　　　　记录：　　　　　复核：

测站编号	测点	后尺 上丝／下丝	前尺 上丝／下丝	方向及尺号	水准尺中丝读数		黑－红 +K	平均高差
		后视距	前视距		黑面	红面		
		视距差	累计差					
		（1）	（5）	后	（3）	（4）	（13）	（18）
		（2）	（6）	前	（7）	（8）	（14）	
		（9）	（10）	后－前	（15）	（16）	（17）	
		（11）	（12）					
				后				
				前				
				后－前				
				后				
				前				
				后－前				
				后				
				前				
				后－前				
				后				
				前				
				后－前				
				后				
				前				
				后－前				
				后				
				前				
				后－前				

测站编号	测点	后尺	上丝	前尺	上丝	方向及尺号	水准尺中丝读数		黑－红 +K	平均高差
			下丝		下丝		黑面	红面		
		后视距		前视距						
		视距差		累计差						
						后				
						前				
						后－前				
						后				
						前				
						后－前				
						后				
						前				
						后－前				
						后				
						前				
						后－前				
						后				
						前				
						后－前				
						后				
						前				
						后－前				
						后				
						前				
						后－前				
						后				
						前				
						后－前				

工程测量基础

GPS 认识实训

一、实训任务

以一组为单位完成 GPS 接收机的基本操作及 GPS 静态测量数据采集的基本方法。

二、准备工作

1. 人员安排

5 ~ 6 人一组

2. 从仪器室借领

每组 GPS 接收机 1 台套（三台，带脚架），小钢尺 1 把，对讲机 3 台。

3. 自备工具

铅笔、小刀、尺子及记录表格。

三、实训步骤

1. 在开阔地方（高度角大于 15 度，200 米内没有高压线或磁场区或信号塔；没有大面积水面），分别将 GPS 接收机安置在已经埋设好的控制点上，整平、对中。并将它和当时的天气情况记入 GPS 测量手簿。

2. 用小钢尺测量天线高度，并将天线高记录在记录簿中。天线高应该在开机前和关机后分别测量一次，精确到毫米位。

3. 开机并检查 GPS 各指示灯是否正常。各测站保持联系，同时开机，确保足够长的同步观测时间。查看测站信息、接收机卫星数量、卫星号、各通道信噪比、实时定位结果及存储介质记录情况，并及时逐项填写到测量手簿中。

4. 关机，检查对中整平，再量天线高并记录，检查卫星状况；按住开关机键，直到无指示灯闪烁；再拆天线、基座、装箱。

5. 检查设站点号、点名、该站 GPS 接收机编号、观测点测量起止时间、天线高等。

四、注意事项

1.GPS 接收机属于贵重设备，实训过程中应该责任到人，严格遵守测量仪器的使用规则。

2.在测量观测期间，由于测量条件的不断变化，要注意不时的查看接收机是否正常工作，应该定时检查电池容量是否充足，接收机内存是否充足。

3.GPS 接收机正常工作状态下；

①不得进行搬动仪器；②不得关闭接收机；③不得擅自重启；④不得随意改动卫星截止角，⑤不得随意改变数据采集间隔时间。

实训报告

1. GPS 外业观测记录手簿

工程记录者：　　　　　　　　　　检查者：

测站号		测站名		天气状况	
观测员		记录员		观测日期	
接收机名称及编号		天线类型及编号		数据文件名	
近似经度		近似纬度		近似高程	
预热时间		开始记录时间		结束时间	
天线高		测前：　　侧后：　　平均：			
温度		测前：　　侧后：　　平均：			

2. GPS 外业观测记录统计表

工程记录者：　　　　　　　　　　检查者：

时段	点号	仪器号	仪器高	开始时间	结束时间	日期	天气	备注

时段	点号	仪器号	仪器高	开始时间	结束时间	日期	天气	备注

数字化测图实训

一、实训目的

掌握 GPS RTK 和全站仪进行地形测量的作业方法及内业处理过程。

二、实训内容

1.GPS RTK 基准站和流动站的架设和设置

2.特征点的测量

3.RTK 连续运动测量地形的方法

4.全站仪数据采集的流程和方法

5.测量数据的质量分析，绘制地形图

三、仪器工具

全站仪 1 台、GPS RTK 2 台（基准站 1 台、流动站 1 台）、皮尺 1 根、棱镜 2 台、棱镜杆 1 根。

四、RTK 实训操作流程

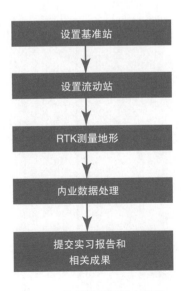

图 7 - 1 RTK 地形测量基本流程

五、数据处理

数据导出：NTS–342 型号全站仪和 RTK 银河 1 号均可一键导出 DAT 格式文件，Cass 软件可以直接读取。

1. 数据下载
2. 数据导出
3. 绘制地形图
   – 平面地形图
   – 等高线地形图

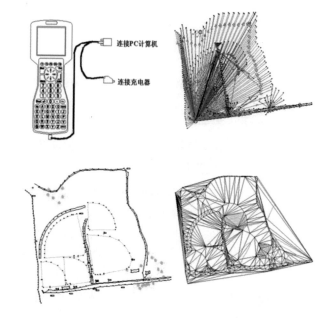

图 7–2 数据处理流程

实训报告

时间：　　　　　　天气：　　　　　　观测：　　　　　　记录：

地形图草图

控制点坐标记录表格

点名	坐标	
	X	Y

碎部点坐标记录表格

点名	坐标	
	X	Y

班级：_____ 姓名：_____

● 对本单元理解有困难的知识：（如概念、仪器操作、计算等）

● 对本单元教学内容提出改进意见：

单元 ② 教学反馈表

班级: _____ **姓名:** _____

● 对本单元理解有困难的知识:（如概念、仪器操作、计算等）

● 对本单元教学内容提出改进意见:

单元 3　　教学反馈表

班级： _____　　**姓名：** _____

● 对本单元理解有困难的知识：（如概念、仪器操作、计算等）

● 对本单元教学内容提出改进意见：

单元 4 教学反馈表

班级：_____ 姓名：_____

● 对本单元理解有困难的知识：（如概念、仪器操作、计算等）

● 对本单元教学内容提出改进意见：

单元 ⑤ 教学反馈表

班级：＿＿＿＿＿＿　　姓名：＿＿＿＿＿＿

● 对本单元理解有困难的知识：（如概念、仪器操作、计算等）

● 对本单元教学内容提出改进意见：

班级：＿＿＿＿＿　　姓名：＿＿＿＿＿

● 对本单元理解有困难的知识：（如概念、仪器操作、计算等）

● 对本单元教学内容提出改进意见：

班级: _____   姓名: _____

● 对本单元理解有困难的知识：（如概念、仪器操作、计算等）

● 对本单元教学内容提出改进意见：

单元 8 教学反馈表

班级：_____ 姓名：_____

● 对本单元理解有困难的知识：（如概念、仪器操作、计算等）

● 对本单元教学内容提出改进意见：

单元 ⑨　　教学反馈表

班级：_____　　姓名：_____

● 对本单元理解有困难的知识：（如概念、仪器操作、计算等）

● 对本单元教学内容提出改进意见：

单元 10 教学反馈表

班级：_____　　姓名：_____

● 对本单元理解有困难的知识：（如概念、仪器操作、计算等）

● 对本单元教学内容提出改进意见：

单元 11 教学反馈表

班级：_____   姓名：_____

● 对本单元理解有困难的知识：（如概念、仪器操作、计算等）

● 对本单元教学内容提出改进意见：

单元 12 教学反馈表

班级：_____ 姓名：_____

● 对本单元理解有困难的知识：（如概念、仪器操作、计算等）

● 对本单元教学内容提出改进意见：

单元 13　教学反馈表

班级：＿＿＿＿＿＿　　姓名：＿＿＿＿＿＿

● 对本单元理解有困难的知识：（如概念、仪器操作、计算等）

● 对本单元教学内容提出改进意见：

单元 14 教学反馈表

班级：＿＿＿＿＿＿＿＿　　姓名：＿＿＿＿＿＿＿＿

● 对本单元理解有困难的知识：（如概念、仪器操作、计算等）

● 对本单元教学内容提出改进意见：

单元 15　教学反馈表

班级：_____　　姓名：_____

● 对本单元理解有困难的知识：（如概念、仪器操作、计算等）

● 对本单元教学内容提出改进意见：

单元 16 教学反馈表

班级：_____ 姓名：_____

● 对本单元理解有困难的知识：（如概念、仪器操作、计算等）

● 对本单元教学内容提出改进意见：

图书在版编目（CIP）数据

工程测量基础／黄小兵，张进锋主编. —长沙：中南大学出版社，2020.9

ISBN 978-7-5487-4171-8

Ⅰ.①工… Ⅱ.①黄… ②张… Ⅲ.①工程测量－高等职业教育－教材 Ⅳ.①TB22

中国版本图书馆 CIP 数据核字（2020）第 175869 号

工程测量基础

GONGCHENG CELIANG JICHU

主编 黄小兵 张进锋

□责任编辑	周兴武		
□责任印制	周 颖		
□出版发行	中南大学出版社		
	社址：长沙市麓山南路	邮编：410083	
	发行科电话：0731-88876770	传真：0731-88710482	
□印　装	长沙玛雅印务有限公司		

□开　本	787 mm×1092 mm 1/16	□印张 12	□字数 281 千字
□版　次	2020 年 9 月第 1 版	□2020 年 9 月第 1 次印刷	
□书　号	ISBN 978-7-5487-4171-8		
□定　价	58.00 元		

图书出现印装问题，请与经销商调换